SDG – Forschung, Konzepte, Lösungsansätze zur Nachhaltigkeit

Die nachhaltige Entwicklung unserer Welt ist eine der wichtigsten Herausforderungen in Gegenwart und Zukunft und zugleich eine Aufgabe, an der alle Wissenschaften beteiligt sind. Um einen sichtbaren Beitrag auf diesem Weg zu leisten, gibt SPRINGERNATURE die Buchreihe SDG – Forschung, Konzepte, Lösungsansätze zur Nachhaltigkeit heraus, in der Arbeiten aus allen Disziplinen publiziert werden können, die die wissenschaftliche Analyse oder die praktische Förderung von Nachhaltigkeit zum Ziel haben, wie sie insbesondere in den Nachhaltigkeitszielen der Vereinten Nationen definiert sind.

Nick Lin-Hi · Igor Blumberg
(Hrsg.)

Kultiviertes Fleisch

Status quo und Perspektiven in Wissenschaft, Technik und Gesellschaft

Hrsg.
Nick Lin-Hi
Professur für Wirtschaft & Ethik
Universität Vechta
Vechta, Deutschland

Igor Blumberg
Professur für Wirtschaft & Ethik
Universität Vechta
Vechta, Deutschland

ISSN 2731-8826 ISSN 2731-8834 (electronic)
SDG – Forschung, Konzepte, Lösungsansätze zur Nachhaltigkeit
ISBN 978-3-662-73360-8 ISBN 978-3-662-73361-5 (eBook)
https://doi.org/10.1007/978-3-662-73361-5

Die Deutsche Nationalbibliothek verzeichnet diese Publikation in der Deutschen Nationalbibliografie; detaillierte bibliografische Daten sind im Internet über https://portal.dnb.de abrufbar.

Planung/Lektorat: Ken Kissinger
Springer Spektrum ist ein Imprint der eingetragenen Gesellschaft Springer-Verlag GmbH, DE und ist ein Teil von Springer Nature.
Die Anschrift der Gesellschaft ist: Heidelberger Platz 3, 14197 Berlin, Germany

Wenn Sie dieses Produkt entsorgen, geben Sie das Papier bitte zum Recycling.

Danksagung[1]

Die Herausgeber danken allen Autorinnen und Autoren, die mit ihrer engagierten Mitwirkung sowie ihren fundierten und wertvollen Beiträgen zu diesem Sammelband beigetragen haben. Ihre fachliche Expertise und Professionalität haben dieses Projekt in besonderer Weise geprägt.

Ein besonderer Dank gilt Dr. Marlene Dettmer, Celine Böckemeyer und Johanna Böttcher für ihre engagierte konzeptionelle Begleitung des Projekts sowie für ihre zuverlässige organisatorische Unterstützung während des gesamten Entstehungsprozesses des Sammelbandes.

Den Gutachter*innen danken wir für ihre aufmerksame Lektüre sowie für ihre differenzierten und hilfreichen Hinweise.

[1] Für den Inhalt dieser Publikation sind ausschließlich die Herausgeberinnen bzw. die Autorinnen verantwortlich.

Inhaltsverzeichnis

1 Kultiviertes Fleisch als Zukunftsfrage: Zur Relevanz eines rationalen öffentlichen Diskurses

Nick Lin-Hi und Igor Blumberg

Zusammenfassung

Dieser Einführungsbeitrag setzt den Rahmen für den Sammelband zum Thema kultiviertes Fleisch und verortet dieses als paradigmatisches Innovationsfeld gegenwärtiger technologischer und gesellschaftlicher Transformationsprozesse. Kultiviertes Fleisch verbindet auf besondere Weise Aspekte der Ernährungssicherheit, Nachhaltigkeit, Tierethik, industrieller Wertschöpfung und technologischer Zukunftsgestaltung. Die Relevanz von kultiviertem Fleisch und anderen (Sprung-)Innovationen liegt darin, dass zentrale Nachhaltigkeitsherausforderungen moderner Gesellschaften ohne technologische Durchbrüche kaum zu bewältigen sein werden. Zugleich greifen rasante technologische Entwicklungen und der zunehmend disruptive Charakter von Innovationen wie der zellulären Landwirtschaft immer stärker in gesellschaftliche Wertvorstellungen sowie bestehende Produktions-, Konsum- und Versorgungssysteme ein. Daraus ergeben sich wachsende Anforderungen an die gesellschaftliche Legitimation, Akzeptanz und Gestaltung technologischen Wandels. Vor diesem Hintergrund hebt der Beitrag die Relevanz rationaler öffentlicher Diskurse hervor, die eine wissensbasierte Einordnung von kultiviertem Fleisch ermöglichen und somit eine informierte gesellschaftliche Auseinandersetzung mit dieser Innovation fördern. Darauf aufbauend stellt der Beitrag die einzelnen Beiträge des Sammelbandes kurz vor und verdeutlicht so die interdisziplinäre Breite der Auseinandersetzung mit kultiviertem Fleisch.

N. Lin-Hi (✉) · I. Blumberg
Universität Vechta, Vechta, Deutschland
E-Mail: nick.lin-hi@uni-vechta.de

I. Blumberg
E-Mail: igor.blumberg@uni-vechta.de

N. Lin-Hi und I. Blumberg (Hrsg.), *Kultiviertes Fleisch*, SDG – Forschung, Konzepte, Lösungsansätze zur Nachhaltigkeit, https://doi.org/10.1007/978-3-662-73361-5_1

Wir leben in einer Zeit rasanter technologischer Beschleunigung. Technologische Neuerungen entstehen nicht mehr vereinzelt oder entlang klar überschaubarer Entwicklungslinien, sondern oftmals abrupt, in rascher Abfolge und mit wachsender gesellschaftlicher Reichweite (Tokarski et al. 2024). Zugleich nimmt ihr disruptiver Charakter zu: Veränderungen betreffen nicht nur einzelne Produkte oder Märkte, sondern stellen vertraute Routinen, institutionelle Arrangements und kulturelle Selbstverständlichkeiten infrage (Hopster 2021). Entwicklungen in Bereichen wie künstliche Intelligenz, synthetische Biologie, neue Energie- und Produktionssysteme oder digitale Plattformökonomien wirken dabei weit über ihren technischen Kern hinaus. Sie greifen in soziale Praktiken ein, verändern Arbeits- und Konsummuster und verschieben die Erwartungen an Wirtschaft und Politik. Für viele Menschen entsteht daraus weniger ein Gefühl von Fortschritt als vielmehr zunehmende Orientierungslosigkeit. Hieraus erwächst die Gefahr, dass Wandel nicht als ein gestaltbarer Prozess, sondern als eine überfordernde Zumutung erlebt wird.

Die wachsende Kluft zwischen technologischem Wandel und der gesellschaftlichen Fähigkeit, diese Entwicklungen zu verstehen, zu bewerten und gemeinsam zu gestalten, wird dort sichtbar, wo neue Technologien Arbeitsanforderungen, Konsumangebote oder politische Entscheidungsprozesse verändern, ohne dass ihre Ursachen, Zielrichtungen und gesellschaftlichen Folgen ausreichend eingeordnet sind. Die Veränderungen sind unmittelbar erfahrbar, ihre Bedeutung und Gestaltbarkeit bleiben jedoch oft unklar. Damit geht ein Verlust an Orientierung und wahrgenommener Handlungsmacht einher. Wo Orientierung fehlt, wächst das Bedürfnis nach einfachen Erklärungen. Diese reduzieren Komplexität, vermitteln ein Gefühl von Kontrolle und geben Halt in Situationen, die als unübersichtlich und fremdbestimmt erlebt werden (Lin-Hi et al. 2024) – selbst dann, wenn sie der tatsächlichen Vielschichtigkeit soziotechnischer Zusammenhänge nicht gerecht werden.

An dieser Stelle wird deutlich, dass Technologien nie nur materielle Artefakte sind, sondern stets auch eine gesellschaftliche Dimension besitzen, die eigenen Logiken und Dynamiken folgt (Bijker et al. 2012). Innovationen und technologische Neuerungen stellen daher regelmäßig gesellschaftliche Herausforderungen dar. Unter Bedingungen technologischer Beschleunigung und zunehmend disruptiver Entwicklungen werden diese Herausforderungen jedoch immer anspruchsvoller. Während sich technische Möglichkeiten mit hoher Geschwindigkeit entwickeln, können gesellschaftliche Deutungs-, Bewertungs- und Entscheidungsprozesse nur begrenzt Schritt halten. Werte, Normen und institutionelle Regeln passen sich nicht im gleichen Tempo an wie technische Systeme. Dadurch entsteht ein wachsendes Spannungsverhältnis zwischen dem, was technisch möglich wird, und dem, was gesellschaftlich eingeordnet, legitimiert und gestaltet werden kann. Genau in dieser Lücke entstehen Unsicherheiten, Irritationen und Konflikte.

Mehr denn je gilt es daher zu betonen, dass technologischer Fortschritt kein Selbstzweck ist, sondern eine gesellschaftliche Notwendigkeit darstellt. Viele der zentralen Herausforderungen moderner Gesellschaften lassen sich mit den bestehenden Produktionsweisen, Konsummustern und Infrastrukturen auf Dauer nicht bewältigen (Schot und Steinmueller 2018). Der fortschreitende Klimawandel, der Verlust biologischer Vielfalt, die Übernutzung natürlicher Ressourcen, aber auch Fragen der globalen Ernährungssicherheit, der Gesundheitsversorgung und der Stabilität komplexer Versorgungssysteme verdeutlichen die strukturellen Grenzen des Status quo. Auf den Punkt gebracht: Unsere gegenwärtige Lebensweise ist nicht „enkeltauglich". Sie beruht in weiten Teilen auf einem Ressourcenverbrauch, der planetare Grenzen überschreitet, auf linearen Produktionslogiken nach dem Prinzip „Nehmen, Herstellen, Entsorgen" statt auf Kreislaufsystemen sowie auf der Abwälzung ökologischer und sozialer Folgekosten auf nachfolgende Generationen. Um die natürlichen Lebensgrundlagen langfristig zu erhalten, reicht es daher nicht aus, bestehende Systeme lediglich effizienter zu gestalten oder schrittweise zu optimieren. Es bedarf auch und insbesondere tiefgreifender technologischer Veränderungen, die etablierte Strukturen infrage stellen und neue Lösungswege für bestehende Herausforderungen eröffnen. Gesellschaften verfügen dabei nicht über unbegrenzte Zeit, um auf diese Herausforderungen zu reagieren, da heutige Entscheidungen langfristige und teilweise unumkehrbare Folgen entfalten. Ein weiteres Zögern birgt das Risiko, dass notwendige Anpassungen mit stark steigenden Kosten verbunden sind, deren Finanzierung für Staat und Gesellschaft zunehmend schwieriger wird. Die zentrale Frage ist somit weniger, ob Innovationen notwendig sind, sondern wie sie so entwickelt, eingesetzt und gesellschaftlich eingebettet werden können, dass sie verantwortungsvoll, legitimiert und langfristig gesellschaftlich wertvoll bleiben (Bogner et al. 2015).

Vor diesem Hintergrund wird deutlich, dass technologischer Fortschritt keine optionale gesellschaftliche Präferenz ist. Wenn bestehende Produktions- und Konsummuster strukturell an ihre Grenzen stoßen und unsere gegenwärtige Lebensweise nicht zukunftsfähig ist, dann sind Innovationen die Voraussetzung, um die Funktionsfähigkeit der Gesellschaft unter veränderten ökologischen, ökonomischen und sozialen Rahmenbedingungen aufrechtzuerhalten. Dabei ist weniger entscheidend, ob technologische Entwicklungen stattfinden sollen, sondern in welche Richtung und mit welcher Geschwindigkeit sie vorangetrieben werden. Von Bedeutung ist, ob Innovationen dazu beitragen, bestehende Problemlagen zu entschärfen und Handlungsspielräume zu erweitern, oder ob sie neue Abhängigkeiten und Zielkonflikte erzeugen, die gesellschaftlich nur schwer zu bewältigen sind.

Eine andere Dimension, die die Relevanz von Innovationen verdeutlicht, resultiert aus dem globalen Wettbewerb um Innovationen und Wertschöpfung. Technologische Entwicklungen finden nicht im nationalen oder regionalen Vakuum statt, sondern sind in internationale Dynamiken der Wissensproduktion, der Kapitalallokation, der Talentmobilität und der industriellen Entwicklung eingebettet (WIPO 2019). Unter diesen Bedingungen beeinflusst der Umgang mit Innovationen nicht nur ökologische oder gesellschaftliche Zielsetzungen, sondern auch die langfristige Sicherung von Wohlstand und wirtschaftlicher Leistungsfähigkeit (Dempere et al. 2023). Bestehende Technologien, Geschäftsmodelle und Produktionsweisen stehen dabei fortlaufend im Wettbewerb mit aufkommenden Alternativen, die andernorts schneller entwickelt, skaliert oder wirtschaftlich genutzt werden. Unter diesen Bedingungen wird Innovationsfähigkeit zu einer zentralen Voraussetzung, um wirtschaftlich Anschluss zu halten und im globalen Wettbewerb bestehen zu können.

Viele der heute diskutierten und zukünftigen Innovationen dürften weniger an fehlender technischer Machbarkeit scheitern als vielmehr an Fragen der gesellschaftlichen Legitimation und Akzeptanz. Zugleich ist absehbar, dass technologische Entwicklungen zunehmend Bereiche betreffen werden, die bislang nur begrenzt öffentlich verhandelt werden, obwohl sie tief in bestehende Formen von Arbeit, Produktion, Versorgung und gesellschaftlichem Zusammenleben eingreifen können. In solchen Fällen besteht die Gefahr, dass gesellschaftliche Auseinandersetzungen erst nachträglich und unter hohem Konfliktdruck geführt werden, während die technologischen Weichen bereits gestellt wurden. Ob neue Technologien ihre gesellschaftliche Rolle entfalten können, hängt daher entscheidend davon ab, inwieweit Gesellschaften in der Lage sind, sich frühzeitig mit ihren möglichen Folgen auseinanderzusetzen (Brey 2012).

Gesellschaftliche Akteure sind somit nicht erst am Ende des Innovationsprozesses relevant, sondern von Beginn an eine zentrale Voraussetzung dafür, dass technologische Entwicklungen überhaupt wirksam werden können. Zukunft entsteht also nicht allein aus technologischem Fortschritt, sondern aus der Art und Weise, wie Gesellschaften in Hier und Jetzt darüber diskutieren und gemeinsam darüber entscheiden, wie neue Technologien bewertet, eingeordnet und eingesetzt werden sollen (Jasanoff 2015). In demokratischen Systemen kommt diesen Prozessen eine besondere Bedeutung zu, da weitreichende technologische Entscheidungen auf Nachvollziehbarkeit und gesellschaftliche Zustimmung angewiesen sind. Die Folge ist, dass öffentliche Diskurse im Kontext von Innovationen notwendig sind. Nur wenn Menschen in die Lage versetzt werden, damit verbundene Entwicklungen und Folgen auf der Grundlage von Daten, Fakten und wissenschaftlichen Erkenntnissen einzuordnen, können Gesellschaften verantwortungsvoll mit Innovationen umgehen. Öffentliche Diskurse schaffen hierfür den notwendigen Raum: Sie ermöglichen es, Wissen breit verfügbar zu machen, es in einen gesellschaftlichen Zusammenhang einzubetten und kritisch zu reflektieren.

Es ist besonders problematisch, wenn gesellschaftliche Auseinandersetzungen erst einsetzen, nachdem technologische Pfadentscheidungen faktisch getroffen wurden und sich Entwicklungsrichtungen bereits verfestigt haben. In solchen Fällen verfestigen sich Deutungsmuster häufig entlang von Unsicherheit, Misstrauen und dem Eindruck fehlender Einflussmöglichkeiten. Diese frühen Einstellungen prägen die öffentliche Wahrnehmung aufkommender Technologien nachhaltig und lassen sich später nur schwer revidieren (Eagly & Chaiken 1993), selbst wenn neue wissenschaftliche Erkenntnisse oder veränderte Rahmenbedingungen eine Neubewertung erlauben würden. Entsprechend bedarf es bereits in den frühen Stadien aufstrebender Innovationen rationaler öffentlicher Diskurse. Diese ermöglichen eine frühzeitige Einbindung der Bevölkerung und machen gesellschaftliche Erwartungen, Befürchtungen und ethische Fragen sichtbar. Ohne solche Diskurse bleibt die gesellschaftliche Verständigung reaktiv, fragmentiert und anfällig für Vereinfachungen, die der Komplexität technologischer Entwicklungen nicht gerecht werden.

Damit öffentliche Diskurse diese Funktion erfüllen können, ist die Einbindung wissenschaftlicher Perspektiven unverzichtbar. Die Wissenschaft trägt dabei nicht nur durch die Erzeugung neuen Wissens, sondern vor allem durch dessen Einbringung in öffentliche Auseinandersetzungen zur Förderung rationaler Diskurse bei. Forschungsergebnisse, Daten und analytische Einordnungen entfalten erst dann eine gesellschaftliche Wirkung, wenn sie außerhalb fachlicher Zirkel sichtbar und verständlich werden und in die öffentliche Auseinandersetzung einfließen können. Dies erfordert Übersetzungsleistungen, die wissenschaftliche Komplexität so aufbereiten und zugänglich machen, dass Menschen in ihren unterschiedlichen Rollen die technologischen Entwicklungen nachvollziehen und eigenständig bewerten können. Im Kern geht es dabei um eine Demokratisierung von Wissen, also um den öffentlichen Zugang zu belastbaren Informationen über anstehende Innovationen, ihre Potenziale, ihre Risiken und ihre offenen Fragen. Öffentliche Diskurse bilden die Voraussetzung dafür, dass solche Informationen Teil gesellschaftlicher Meinungsbildung werden. Entscheidungen über den Umgang mit Innovationen werden dann nicht in einem abgeschlossenen Expertenkreis, sondern in einem demokratischen Prozess auf einer breiteren, informierten Grundlage getroffen.

Ein aktuelles Handlungsfeld öffentlicher Diskurse ist die zelluläre Landwirtschaft, insbesondere die Entwicklung von kultiviertem Fleisch. Dieses Innovationsfeld verdeutlicht anschaulich, wie eng technologische Entwicklung, gesellschaftliche Wertvorstellungen und politische Entscheidungsprozesse miteinander verflochten sind. Kultiviertes Fleisch betrifft zugleich zentrale Fragen der Ernährungssicherheit, des Umwelt- und Klimaschutzes, der Tierethik, der industriellen Wertschöpfung, der Konsumgewohnheiten sowie der regulatorischen Rahmensetzungen. Zugleich kommt diesem Innovationsfeld eine erhebliche ökonomische Bedeutung zu, da sich daran entscheidet, wo künftig Wissen aufgebaut, Investitionen getätigt, industrielle Kompetenzen entwickelt und neue Wertschöpfungsketten etabliert werden. Der gesellschaftliche Umgang mit der zellulären Landwirtschaft beeinflusst somit nicht nur normative Orientierungen, sondern auch die langfristige Anschlussfähigkeit von Wirtschafts- und Wissenschaftsstandorten an einen sich dynamisch entwickelnden Zukunftsmarkt. Die zelluläre Landwirtschaft steht somit exemplarisch für Transformationsprozesse, in denen gesellschaftliche Verständigung, politische Rahmensetzung und wirtschaftliche Wettbewerbsfähigkeit untrennbar miteinander verflochten sind.

Der vorliegende Sammelband *„Kultiviertes Fleisch: Status quo und Perspektiven in Wissenschaft, Technik und Gesellschaft"* wurde mit dem Anspruch konzipiert, einen rationalen und aufgeklärten Zukunftsdiskurs zum Thema kultiviertes Fleisch zu unterstützen. Er ist im Kontext des vom Niedersächsischen Ministerium für Wissenschaft und Kultur geförderten Projekts „Unser Fleisch von Morgen? Zukunftsdiskurse zu kultiviertem Fleisch" entstanden, das darauf abzielt, aktuelle, wissenschaftlich fundierte und interdisziplinäre Perspektiven auf kultiviertes Fleisch zusammenzuführen und einer breiten Öffentlichkeit zugänglich zu machen. Der Sammelband vereint Beiträge aus verschiedenen Fachrichtungen und eröffnet somit eine interdisziplinäre Perspektive auf ein aufstrebendes Innovationsfeld, das sich nicht aus einer einzelnen wissenschaftlichen Disziplin heraus angemessen erfassen lässt. Erst im Zusammenspiel technischer, ökonomischer, gesellschaftlicher und rechtlicher Zugänge werden die mit der Entwicklung von kultiviertem Fleisch verbundenen Chancen, Zielkonflikte und Gestaltungsfragen sichtbar. In ihrer Gesamtheit zielen die Beiträge darauf ab, den öffentlichen Diskurs über kultiviertes Fleisch zu versachlichen – nicht im Sinne einer Entpolitisierung, sondern als Voraussetzung für eine produktive gesellschaftliche Auseinandersetzung mit dieser Innovation. Gerade unter Bedingungen technologischer Beschleunigung ist eine solche Form rationaler Verständigung von zentraler Bedeutung, um die Zukunft nicht lediglich geschehen zu lassen, sondern sie offen, lernfähig und verantwortungsvoll mitzugestalten.

Der Sammelband versteht sich nicht als abschließende Bewertung von kultiviertem Fleisch. Vielmehr geht er von der Prämisse aus, dass sich technologische Entwicklungen, wissenschaftliche Erkenntnisse und gesellschaftliche Bewertungen fortlaufend weiterentwickeln. Der gesellschaftliche Umgang mit kultiviertem Fleisch ist demnach kein statischer Befund, sondern ein lern- und anpassungsfähiger Prozess. Ziel des Bandes ist es, in diesem Prozess Orientierung zu bieten, indem aktuelle Erkenntnisse eingeordnet, Annahmen, Zielkonflikte und offene Fragen transparent gemacht sowie unterschiedliche fachliche Perspektiven zusammengeführt werden. Gerade in frühen Phasen der technologischen Reife, in denen Erwartungen auf den Prüfstand gestellt, Entwicklungsrichtungen neu justiert und regulatorische Rahmenbedingungen weiterentwickelt werden, kommt einer sachlichen, wissensbasierten und differenzierten Auseinandersetzung mit dieser Innovation eine besondere Bedeutung zu. Vor diesem Hintergrund versteht sich der Sammelband als Beitrag zur Versachlichung und Vertiefung öffentlicher Diskurse über die zukünftige Rolle von kultiviertem Fleisch.

Der Sammelband ist in mehrere thematische Abschnitte gegliedert. Die Beiträge reichen von biologisch-technischen Grundlagen über ökologische, ethische und ernährungsbezogene Analysen bis hin zu gesellschaftlichen, ökonomischen und regulatorischen Perspektiven. Insgesamt umfasst der Sammelband zwölf originäre Beiträge.

In seinem Beitrag *„Stammzellen, Wachstum, Differenzierung: Die zellulären Grundlagen kultivierten Fleisches"* erläutert Jürgen Hescheler die biologischen Grundlagen der Herstellung von kultiviertem Fleisch. Der Fokus liegt dabei auf der Zelle als Ausgangspunkt der Produktion. Der Autor führt in die für die Zellkultivierung maßgeblichen Prozesse tierischer Zellen ein: Wachstum, Teilung und Differenzierung. Ein besonderes Augenmerk liegt dabei auf der Bedeutung von Stammzellen für die Herstellung von kultiviertem Fleisch, insbesondere auf ihrer Fähigkeit zur langfristigen Vermehrung und Spezialisierung. Darüber hinaus beleuchtet der Beitrag die Herausforderungen im Umgang mit Stammzellen im Hinblick auf eine großmaßstäbliche Produktion.

Einen systematischen Überblick über die zentralen Schritte der Herstellung von kultiviertem Fleisch entlang der gesamten Prozesskette geben Anna Leikeim, Simon Heine und Petra J. Kluger in ihrem Beitrag *„Der Produktionsprozess: Von der Zelle zum Endprodukt"*. Die Autor*innen beschreiben dabei die einzelnen Schritte von der Zellgewinnung über die Vermehrung im Bioreaktor und die gezielte Differenzierung zu Muskel- und Fettzellen bis hin zur Verarbeitung und Formgebung der Zellmasse. Der Beitrag zeigt, wie sich je nach Produktziel unterschiedliche technologische Anforderungen ergeben – von vergleichsweise einfachen Anwendungen wie Hackfleisch bis hin zur technisch anspruchsvollen Strukturierung steakähnlicher Produkte mittels Scaffolds oder 3D-Druck. Zudem diskutiert der Beitrag zentrale Herausforderungen für eine großmaßstäbliche Umsetzung, insbesondere Skalierung, Kostenfaktoren und Fragen der Markteinführung.

Mit den Nährmedien als zentraler Voraussetzung für die Kultivierung tierischer Zellen befassen sich Monika Röntgen und Jianan Fu in ihrem Beitrag *„Nährmedien: Futter für die Zellen"*. Die Autor*innen erläutern, welche Stoffe Zellen benötigen, um hieraus kultiviertes Fleisch herzustellen, und welche Funktionen diese für das Zellwachstum, die Vermehrung und die Differenzierung erfüllen. Darüber hinaus zeigt der Beitrag, wie sich die Produkteigenschaften wie Geschmack, Farbe und Fettsäureprofil über das Medium gezielt beeinflussen lassen. Ein Schwerpunkt liegt auf der Diskussion der Relevanz der Ablösung fetalen Kälberserums durch tierfreie Alternativen sowie auf neuen Protein- und Aminosäurequellen wie pflanzlichen Hydrolysaten, Extrakten oder Mikroalgen. Zudem ordnen die Autor*innen die Entwicklung von Nährmedien als zentrale Voraussetzung für eine lebensmittelgeeignete und großmaßstäbliche Produktion von kultiviertem Fleisch ein, nicht zuletzt aufgrund ihres hohen Anteils an den Gesamtkosten der Produktion.

Der Beitrag *„Kontrollierte Ökosysteme für die Zellen: Bioreaktoren und ihre Rolle in der Kultivierung"* von Chantal Treinen und Marius Henkel stellt den Bioreaktor als zentrale Produktionsumgebung für kultiviertes Fleisch vor. Die Autor*innen erläutern die grundlegenden Funktionen und Typen von Bioreaktoren sowie die Prozessführung, mit der Faktoren wie Temperatur, pH-Wert und Sauerstoff- sowie Nährstoffzufuhr kontrolliert werden, um geeignete Wachstums- und Differenzierungsbedingungen für tierische Zellen zu schaffen. Darüber hinaus erklären sie, warum Bioreaktoren für eine großmaßstäbliche Produktion von kultiviertem Fleisch von entscheidender Bedeutung sind, und skizzieren die technischen Herausforderungen, die es zu meistern gilt, um den Übergang vom Labor- zum Industriemaßstab in der Herstellung von kultiviertem Fleisch zu bewältigen.

Robin Maatz und Andreas Blaeser stellen in ihrem Beitrag *„Die Herausforderung des ‚Steaks der Zukunft': Wie 3D-Biodrucker kultivierte Fleischstrukturen mit steakähnlichen Eigenschaften erzeugen können"* den 3D-Biodruck vor. Sie erläutern die Funktionsweise des 3D-Biodrucks mit lebenden Zellen und zeigen, wie Muskel- und Fettzellen mithilfe von Biotinten, Hydrogelen und Gerüststrukturen räumlich angeordnet werden können, um Strukturen und Texturen zu erzeugen, die denen von Steak ähneln. Der Beitrag macht deutlich, dass beim 3D-Druck zunächst Vorstufen von Gewebe entstehen, die noch nicht die Eigenschaften von Fleisch besitzen. Erst durch nachgelagerte Reifungsprozesse entwickelt sich daraus fleischähnliches Gewebe. Darüber hinaus benennen die Autoren zentrale Entwicklungsaufgaben des 3D-Biodrucks, darunter lebensmittelgeeignete Materialien ohne tierische Bestandteile sowie die Skalierung der Druckverfahren für größere Produktionsmengen.

In ihrem Beitrag *„Ökologische Nachhaltigkeit von kultiviertem Fleisch“* analysieren Anisiya Pavlova und Hanna L. Tuomisto das Nachhaltigkeitspotenzial von kultiviertem Fleisch auf Basis vorhandener prospektiver Lebenszyklusanalysen. Die Autorinnen erläutern zunächst, wie prospektive Lebenszyklusanalysen funktionieren und welche Wirkungsbereiche dabei typischerweise betrachtet werden. Anschließend zeigen sie, dass kultiviertes Fleisch im Vergleich zur konventionellen Fleischproduktion insbesondere beim Flächenbedarf, bei Eutrophierungseffekten und potenziell auch bei der Biodiversität Vorteile aufweisen kann. Der Beitrag ordnet die bisherigen Befunde als szenariobasierte Abschätzungen ein und macht deutlich, dass die ökologische Leistungsfähigkeit von kultiviertem Fleisch maßgeblich davon abhängen wird, wie energieintensiv die Produktionsprozesse ausgestaltet sind und wie Nährmedien sowie weitere Ressourcen im industriellen Maßstab bereitgestellt und genutzt werden.

Die tierethische Bewertung von kultiviertem Fleisch steht im Mittelpunkt des Beitrags *„Tierethische Aspekte von kultiviertem Fleisch“* von Jens Tuider. Ausgangspunkt sind drei zentrale Praktiken der zellulären Landwirtschaft – Zellgewinnung, Serumnutzung und Tierhaltung –, die als moralische Prüfsteine dienen. Der Autor ordnet diese Aspekte den drei klassischen tierethischen Grundpositionen (Tierschutz, Tierrechte und Tierbefreiung) zu und zeigt, wie unterschiedlich dieselben Praktiken je nach ethischem Standpunkt bewertet werden. Der Beitrag arbeitet heraus, dass kultiviertes Fleisch unter bestimmten Voraussetzungen – wie dem Einsatz serumfreier Nährmedien, minimalen und möglichst schmerzfreien Zellentnahmen sowie hohen Haltungsstandards für die wenigen benötigten Tiere – zu einer spürbaren Reduktion von Tierleid beitragen kann. Zugleich reflektiert der Autor, inwiefern kultiviertes Fleisch langfristig dazu beitragen könnte, das Mensch-Tier-Verhältnis positiv zu verändern, wenn tierische Produkte nicht mehr an massenhafte Haltung und Tötung von Nutztieren gekoppelt sind.

Welche Rolle die Konsumierendenakzeptanz für die Markteinführung und Etablierung von kultiviertem Fleisch spielt, untersucht Ramona Weinrich in ihrem Beitrag *„Grundlagen der Konsumierendenakzeptanz“*. Sie beschreibt den Akzeptanzprozess entlang des Diffusionsmodells – von der ersten Kenntnisnahme über die Meinungsbildung und Kaufentscheidung bis hin zum Wiederkauf und der Bestätigung – und zeigt, warum diese Schritte den späteren Markterfolg von kultiviertem Fleisch wesentlich mitbestimmen. Darüber hinaus systematisiert die Autorin zentrale Einflussfaktoren auf individueller und gesellschaftlicher Ebene, darunter die Wahrnehmung von Natürlichkeit, das Vertrauen in Akteure und Institutionen sowie die sozialen und strukturellen Rahmenbedingungen des Ernährungssystems. Abschließend ordnet der Beitrag den aktuellen Forschungsstand zur Akzeptanz von kultiviertem Fleisch in Deutschland ein und benennt die grundlegenden Voraussetzungen für eine erfolgreiche Markteinführung dieser Innovation.

Empirische Befunde zur Akzeptanz von kultiviertem Fleisch in Deutschland bündeln Lara Schomaker, Lena Szczepanski und Florian Fiebelkorn in ihrem Beitrag *„Zwischen Neugier und Angst: Welche Faktoren beeinflussen die Akzeptanz von kultiviertem Fleisch?“*. Im Zentrum stehen Einflussgrößen wie soziodemografische Merkmale, wahrgenommene Vorteile sowie Hemmnisse wie Ekel, Sicherheitsbedenken, Preisannahmen und die als unnatürlich empfundene Herstellungsweise. Darüber hinaus zeigt der Beitrag, wie Informationsangebote, Kommunikationsstrategien und die verwendete Begrifflichkeit die Akzeptanz beeinflussen. Zudem wird erörtert, welche rechtlichen, politischen und wirtschaftlichen Voraussetzungen für eine breitere Akzeptanz relevant sind.

In ihrem Beitrag *„Fleisch in der Ernährung – zwischen Kultur, Gesundheit, Technologie und Umwelt“* ordnet Hannelore Daniel kultiviertes Fleisch im Spannungsfeld von Ernährungsphysiologie, kulturellen Prägungen, Umweltwirkungen und technologischer Entwicklung ein. Ausgehend von der historischen und ernährungsphysiologischen Bedeutung tierischer Lebensmittel diskutiert der Beitrag aktuelle Debatten um Gesundheit, Nachhaltigkeit und veränderte Ernährungsformen. Die Autorin beleuchtet, unter welchen Bedingungen kultiviertes Fleisch eine Rolle im zukünftigen Ernährungssystem spielen könnte, und geht dabei auf Fragen der gesundheitlichen Unbedenklichkeit, der ernährungsphysiologischen Qualität sowie der regulatorischen Bewertung neuartiger Lebensmittel ein. Abschließend zeichnet der Beitrag nach, warum in den kommenden Jahren vor allem hybride Produkte als realistischer Einstieg in den Massenmarkt gelten und welche Bewertungsfragen sich daran knüpfen.

Einen Überblick über die rechtlichen Voraussetzungen für die Zulassung und Vermarktung von kultiviertem Fleisch in der EU geben Tilman Reinhardt und Alessandro Monaco in ihrem Beitrag *„Der rechtliche Rahmen für kultiviertes Fleisch in der EU“*. Im Zentrum stehen das Verfahren nach der Novel-Food-Verordnung, die Risikobewertung durch die EFSA sowie die sich daran anschließenden Entscheidungs- und Kennzeichnungsfragen. Zudem skizzieren die Autoren aktuelle regulatorische Entwicklungen und Kontroversen, die den Marktzugang und die weitere Entwicklung in der EU maßgeblich beeinflussen.

Igor Blumberg und Nick Lin-Hi analysieren in ihrem Beitrag *„Zwischen Ko-Existenz und Dominanz: Rollen etablierter Akteur*innen der Fleisch- und Fischindustrie in zellulären Wertschöpfungsketten“*, wie die zelluläre Landwirtschaft die Wertschöpfungsstrukturen der bestehenden Fleisch- und Fischindustrie verändert. Ausgehend von der Einordnung von kultiviertem Fleisch und kultiviertem Fisch als Sprunginnovationen unterscheiden die Autoren zwei idealtypische Entwicklungspfade: eine Ko-Existenz konventioneller und zellulärer Produktionsweisen sowie ein Dominanzszenario zellulärer Produktion. Der Beitrag diskutiert, wie sich im Falle eines solchen Pfadwechsels Prozesse schöpferischer Zerstörung entfalten und welche Rolle etablierte Unternehmen unter veränderten Produktionslogiken einnehmen können. Im Zentrum steht dabei die Frage, inwieweit Ressourcen, Infrastrukturen und Kompetenzen der bestehenden Fleisch- und Fischindustrie in neue zelluläre Wertschöpfungsketten integrierbar sind.

Literatur

Bijker W E, Hughes T P, Pinch T (Hrsg) (2012) The social construction of technological systems. New directions in the sociology and history of technology. MIT Press, Cambridge MA

Bogner A, Decker M, Sotoudeh M (Hrsg) (2015) Responsible Innovation: Neue Impulse für die Technikfolgenabschätzung? Nomos, Baden-Baden

Brey PAE (2012) Anticipatory ethics for emerging technologies. Nanoethics 6(1):1–13. https://doi.org/10.1007/s11569-012-0141-7

Dempere J, Qamar M, Allam H, Malik S (2023) The impact of innovation on economic growth, foreign direct investment, and self-employment: a global perspective. Economies 11(7):182. https://doi.org/10.3390/economies11070182

Eagly AH, Chaiken S (1993) The psychology of attitudes. Harcourt Brace College Publishers, Orlando, Florida

Hopster J (2021) What are socially disruptive technologies? Technol Soc 67:101750. https://doi.org/10.1016/j.techsoc.2021.101750

Jasanoff S (2015) Future imperfect: science, technology, and the imaginations of modernity. In: Jasanoff S, Kim S-H (Hrsg) Dreamscapes of modernity: sociotechnical imaginaries and the fabrication of power. The University of Chicago Press, Chicago, IL, S 1–33

Lin-Hi N, Haensse L, Hollands L, Blumberg I (2024) The role of ethics in technology acceptance: analysing resistance to new health technologies on the example of a COVID-19 contact-tracing app. J Decis Syst 33(1):164–194. https://doi.org/10.1080/12460125.2023.2171390

Schot J, Steinmueller WE (2018) Three frames for innovation policy: R&D, systems of innovation and transformative change. Res Pol 47(9):1554–1567. https://doi.org/10.1016/j.respol.2018.08.011

Tokarski KO, Endrissat N, Kissling-Näf I (Hrsg) (2024) Transformationen gestalten. Beiträge aus Forschung und Praxis des privaten und öffentlichen Sektors. Springer Gabler, Wiesbaden. https://doi.org/10.1007/978-3-658-42775-7

WIPO (2019) World intellectual property report (2019) The geography of innovation: local hotspots, global networks. World Intellectual Property Organization, Geneva

2 Stammzellen, Wachstum, Differenzierung: Die zellulären Grundlagen kultivierten Fleisches

Jürgen Hescheler

Zusammenfassung

Dieses Kapitel widmet sich der Zelle als Ausgangspunkt einer biotechnologischen Revolution: der Herstellung von kultiviertem Fleisch. Zunächst werden grundlegende biologische Prozesse und zentrale Begriffe erläutert, um eine Grundlage für das Verständnis der Zellkultivierung zu schaffen. Darauf aufbauend wird erklärt, warum Stammzellen genutzt werden, um Fleisch in vitro zu züchten und welche spezifischen Eigenschaften der Stammzellen dafür genutzt werden. Ausgangspunkt ist die grundlegende Biologie der Zelle, d. h. ihre Struktur, ihr Wachstum, ihre Teilung und Differenzierung. Darauf aufbauend wird gezeigt, wie sich diese zellulären Eigenschaften in vitro nutzen lassen, um tierische Gewebe außerhalb des Organismus heranzuziehen. Ein Schwerpunkt liegt auf Stammzellen, die aufgrund ihrer Fähigkeit zur langfristigen Vermehrung und Spezialisierung das ideale Ausgangsmaterial darstellen. Ebenso werden die technischen und biologischen Herausforderungen beschrieben – von der genetischen Stabilität über die Medienzusammensetzung bis hin zur Steuerung komplexer Differenzierungsprozesse.

J. Hescheler (✉)
Institut für Neurophysiologie, Universität zu Köln, Köln, Deutschland
E-Mail: j.hescheler@uni-koeln.de

N. Lin-Hi und I. Blumberg (Hrsg.), *Kultiviertes Fleisch,* SDG – Forschung, Konzepte, Lösungsansätze zur Nachhaltigkeit, https://doi.org/10.1007/978-3-662-73361-5_2

2.1 Zellen als fundamentale Bausteine des Lebens

2.1.1 Die Zelle als Grundeinheit des Lebens

Alle Lebewesen, vom winzigen Bakterium bis zum Blauwal, bestehen aus Zellen. Zellen sind die kleinste strukturelle und funktionelle Einheit des Lebens. Sie sind in der Lage, sich selbst zu erhalten, auf Reize zu reagieren, Energie umzuwandeln und sich unter bestimmten Bedingungen zu teilen und zu differenzieren.

In der Biologie spricht man deshalb von der Zelle als „Grundbaustein des Lebens" – ein Konzept, das in der sogenannten Zelltheorie verankert ist. Diese besagt, dass alle Lebewesen aus einer oder mehreren Zellen bestehen und dass die Zelle die grundlegende Einheit für Struktur und Funktion in Organismen darstellt. Darüber hinaus gilt, dass neue Zellen stets nur durch die Teilung bereits bestehender Zellen entstehen können. Diese Prinzipien bilden die Grundlage für das Verständnis der modernen Biotechnologie, einschließlich der Kultivierung von Fleisch aus Zellen.

2.1.2 Zelltypen: Prokaryoten und Eukaryoten

Aus biologischer Sicht unterscheidet man zwei grundlegende Zelltypen: prokaryotische Zellen (z. B. Bakterien) und eukaryotische Zellen (z. B. Pflanzen-, Tier- und menschliche Zellen). Prokaryoten sind einfach aufgebaut, besitzen keinen echten Zellkern, und ihr genetisches Material liegt frei im Zellinneren. Eukaryoten sind dagegen komplexer strukturiert. Sie besitzen einen Zellkern, der das Erbgut (DNA) enthält, sowie zahlreiche Organellen wie Mitochondrien, den Golgi-Apparat oder das endoplasmatische Retikulum.

Für die Herstellung von kultiviertem Fleisch spielen ausschließlich eukaryotische tierische Zellen eine Rolle – also solche Zellen, wie sie auch im Körper von Tieren vorkommen.

2.1.3 Aufbau tierischer Zellen

Tierische Zellen bestehen aus mehreren charakteristischen Strukturen, die eng zusammenwirken. Sie sind von der Zellmembran umgeben, einer dünnen, aber hochdynamischen Hülle, die reguliert, welche Stoffe in die Zelle hinein- oder aus ihr hinausgelangen. Im Inneren liegt der Zellkern, der die DNA enthält und als Steuerzentrum für alle Prozesse der Zellfunktion und -vermehrung dient. Das Zytoplasma, eine wässrige Flüssigkeit, bettet sämtliche Organellen ein und stellt den Raum dar, in dem viele biochemische Reaktionen stattfinden. Von besonderer Bedeutung sind die Mitochondrien, die als „Kraftwerke" der Zelle für die Energieproduktion zuständig sind. Hinzu kommen das endoplasmatische Retikulum und der Golgi-Apparat, die gemeinsam die Herstellung, Verarbeitung und den Transport von Proteinen und Lipiden übernehmen. Das Zytoskelett – ein komplexes Netzwerk aus Proteinen – verleiht der Zelle schließlich Form und Stabilität und ermöglicht Bewegungen sowie den intrazellulären Transport. Durch das Zusammenspiel all dieser Bestandteile ist die Zelle in der Lage zu wachsen, zu kommunizieren und sich zu teilen – und letztlich auch ein Teil von Geweben und Organen zu werden.

2.1.4 Zellvermehrung und Differenzierung

Ein wesentliches Merkmal lebender Zellen ist ihre Fähigkeit zur Zellteilung. Dies geschieht in der Regel durch Mitose – einen kontrollierten Prozess, bei dem eine Mutterzelle zwei genetisch identische Tochterzellen hervorbringt. In biologischen Systemen ist diese Fähigkeit entscheidend für Wachstum, Reparatur und Erneuerung.

Doch Zellen können mehr als nur kopieren: Sie können sich auch spezialisieren – ein Prozess, der als Differenzierung bezeichnet wird. Aus einer unspezifischen Vorläuferzelle kann beispielsweise eine Muskelzelle, eine Nervenzelle oder eine Fettzelle entstehen. Welche „Identität" eine Zelle annimmt, hängt von Signalen aus ihrer Umgebung ab – von chemischen Botenstoffen, mechanischen Reizen und genetischen Steuermechanismen.

Diese Fähigkeit zur Differenzierung ist zentral für das Verständnis der Stammzellbiologie – und für die Frage, wie man aus einzelnen Zellen essbares Gewebe züchten kann.

2.1.5 Zellen in der Biotechnologie

Die Möglichkeit, Zellen außerhalb des Körpers, also *in vitro,* zu kultivieren, hat viele biotechnologische Anwendungen revolutioniert. In der Medizin werden Zellkulturen beispielsweise zur Herstellung von Impfstoffen oder Antikörpern eingesetzt. In der Forschung helfen sie dabei, Krankheitsmechanismen zu verstehen. Und in der Lebensmitteltechnologie bilden sie heute die Basis für neue Ansätze wie kultiviertes Fleisch (Post 2012).

Damit sich Zellen außerhalb ihres natürlichen Umfelds vermehren und spezialisieren können, müssen sie mit den richtigen Nährstoffen, Wachstumsfaktoren und physiologischen Bedingungen versorgt werden (Freshney 2002). Die Schaffung eines solchen künstlichen Umfelds ist technisch anspruchsvoll – aber möglich. Und genau hier beginnt die Verbindung zwischen Zellbiologie und Lebensmittelproduktion.

Fazit: Zellen als Schlüssel zum kultivierten Fleisch
Zellen sind hochorganisierte, autonome Einheiten, die alle Funktionen des Lebens auf kleinster Ebene abbilden. Ihre Fähigkeit zur Teilung und Differenzierung macht sie zu idealen Ausgangspunkten für biotechnologische Verfahren, einschließlich der Herstellung von tierischem Gewebe ohne Tierhaltung.

2.2 Wie wachsen Zellen? Von der Zellteilung zum Gewebe

2.2.1 Zellwachstum – mehr als nur größer werden

Im alltäglichen Sprachgebrauch bedeutet „Wachstum" oft schlicht, dass etwas größer wird. In der Zellbiologie ist Zellwachstum jedoch ein vielschichtiger Prozess. Es umfasst sowohl die Zunahme der Zellmasse (biomolekularer Aufbau, z. B. von Proteinen, Lipiden, Organellen) als auch die Vermehrung durch Zellteilung. Beide Prozesse – Massezuwachs und Zellvermehrung – müssen präzise koordiniert werden, damit ein biologisches System richtig funktioniert.

Besonders wichtig für die Herstellung von kultiviertem Fleisch ist nicht nur, dass Zellen wachsen, sondern auch wie – also unter welchen Bedingungen, mit welcher Geschwindigkeit und in welcher Form sie sich vermehren und organisieren (Alberts et al. 2022).

2.2.2 Der Zellzyklus – in Phasen durch die Teilung

Die Grundlage für die Zellvermehrung ist der sogenannte Zellzyklus, ein wiederkehrender Prozess, bei dem sich eine Zelle zunächst verdoppelt und dann teilt. Der Zellzyklus gliedert sich in mehrere aufeinanderfolgende Phasen. In der G_1-Phase wächst die Zelle und bereitet sich auf die Verdopplung ihres Erbguts vor. Darauf folgt die S-Phase, in der die DNA repliziert wird, sodass jede Tochterzelle später über eine vollständige genetische Information verfügt. Anschließend tritt die Zelle in die G_2-Phase ein, in der sie weitere Vorbereitungen für die Teilung trifft und verschiedene Kontrollmechanismen aktiviert, um die Qualität der DNA und der zellulären Prozesse sicherzustellen. Den Abschluss bildet die M-Phase, auch Mitose genannt, in deren Verlauf die Zelle ihr Erbgut auf zwei Pole verteilt und schließlich zwei genetisch identische Tochterzellen entstehen.

Zwischen den Phasen gibt es sogenannte Kontrollpunkte, an denen die Zelle überprüft, ob alle Bedingungen erfüllt sind, bevor sie weitermacht. Ist beispielsweise die DNA beschädigt, wird der Zyklus angehalten, um Reparaturen durchzuführen. Dies ist auch im Kontext von In-vitro-Zellkulturen wichtig – denn unter ungünstigen Bedingungen können Zellen den Zyklus abbrechen oder sogar absterben (Morgan 2007).

2.2.3 Zellwachstum in der Kulturschale

In natürlichem Gewebe wachsen Zellen eingebettet in eine dreidimensionale Struktur, umgeben von Nachbarzellen sowie einer extrazellulären Matrix. Im Labor werden Zellen dagegen auf Kunststoffoberflächen oder in Bioreaktoren kultiviert. Damit sie dort gedeihen können, benötigen sie eine sorgfältig zusammengesetzte Nährlösung, die Zucker – vor allem Glukose –, Aminosäuren, Vitamine, Spurenelemente, Puffersubstanzen und Salze enthält. Ergänzt wird diese Grundversorgung durch Serum oder definierte Wachstumsfaktoren wie Insulin, EGF oder FGF, die Signale für Zellteilung und Differenzierung geben (siehe Kap. 4). Ebenso entscheidend ist die Versorgung mit Sauerstoff, der für die Zellatmung und damit für die Energiegewinnung notwendig ist. Schließlich müssen auch die physiologischen Rahmenbedingungen stimmen: Die Kulturen werden in der Regel bei 37° C, unter kontrolliertem pH-Wert und definierter CO_2-Konzentration gehalten, um die natürliche Umgebung des Gewebes bestmöglich nachzuahmen (Rogers et al. 2025).

Zellen haften oft an einer Oberfläche und breiten sich dort aus. Wenn sie genügend Platz, Nährstoffe und Signale haben, beginnt die Zellteilung – exponentiell, solange die Bedingungen ideal sind. Wird der Raum zu eng oder sind die Nährstoffe erschöpft, verlangsamt sich das Wachstum. Dieses Phänomen muss in Bioreaktoren genau gesteuert werden.

2.2.4 Von der Einzelzelle zum Gewebe

Zellen wachsen nur selten isoliert. Bereits nach wenigen Teilungen bilden sich kleine Zellkolonien, aus denen sich im weiteren Verlauf zelluläre Verbände oder sogar komplexe Gewebestrukturen entwickeln können. Damit aus diesen wachsenden Zellverbänden tatsächlich funktionales Gewebe entsteht, spielen mehrere zusätzliche Faktoren eine entscheidende Rolle.

Dazu gehören stabile Zell-Zell-Kontakte, die über Adhäsionsmoleküle sowohl mechanische Verbindungen herstellen als auch chemische Kommunikation ermöglichen. Ebenso wichtig ist die Matrix-Umgebung: Proteine wie Kollagen oder Laminin bilden eine Art Gerüst, das den Zellen Orientierung und Halt gibt. Auch mechanische Reize wie Dehnung oder Strömung beeinflussen das Wachstum, die Form und die Differenzierung von Zellen erheblich. Schließlich wirken spezifische Signalstoffe wie TGF-β oder Wnt auf das Schicksal einzelner Zellen ein und steuern, ob sie sich beispielsweise zu Fett- oder Muskelzellen entwickeln. Gerade bei der Kultivierung von Fleischgewebe ist es daher nicht nur das reine Zellwachstum, das zählt, sondern vor allem die Ausbildung von Struktur, Textur und Funktionalität. Das Zellwachstum ist somit lediglich der erste Schritt auf dem Weg zum kultivierten Fleisch.

2.2.5 Grenzen und Herausforderungen des Zellwachstums

Die Vermehrung von Zellen *in vitro* ist heute zwar technisch gut etabliert, bringt jedoch eine Reihe von Herausforderungen mit sich. Eine wichtige Einschränkung stellt die Seneszenz dar: Viele Zelltypen können sich nur begrenzt oft teilen, da sich mit jeder Teilung die Telomere verkürzen, bis die Zellen altern und schließlich nicht mehr proliferieren. Hinzu kommt die Nährstofflimitierung, die insbesondere in dichten Kulturen problematisch wird, wenn Nährstoffe nicht gleichmäßig verteilt werden und dadurch Wachstumszonen unterschiedlicher Qualität entstehen. Ebenso können Abfallstoffe wie Laktat oder Ammonium, die sich im Nährmedium anreichern, hemmend auf das Wachstum wirken. Schließlich besteht bei langanhaltender Kultivierung die Gefahr von Mutationen, die die genetische Stabilität und damit die Funktionalität der Zellen beeinträchtigen können. Diese Aspekte sind besonders relevant, wenn Zellen für Lebensmittelzwecke verwendet werden, da hier Sicherheit, Konsistenz und Reproduzierbarkeit höchste Priorität haben.

Fazit: Zellwachstum als Grundvoraussetzung für kultiviertes Fleisch
Zellen wachsen, indem sie ihre Biomasse erhöhen und sich durch Zellteilung vermehren. *In vitro* kann dieses Wachstum kontrolliert und gesteuert werden, sofern Nährstoffe, Signale und Umweltbedingungen sorgfältig aufeinander abgestimmt sind. Die Beherrschung des Zellwachstums ist die technische Grundlage für die Produktion der Zellmasse für kultiviertes Fleisch.

2.3 Wie teilt sich eine Zelle und wie oft kann sie sich teilen?

2.3.1 Zellteilung: Das Prinzip der Vermehrung

Die Zellteilung ist ein grundlegender Prozess des Lebens. Sie ermöglicht es Organismen, zu wachsen, Gewebe zu regenerieren und sich fortzupflanzen. In der Kultivierung von Fleisch aus Zellen bildet die Zellteilung die Grundlage für die Produktion von Biomasse: Je effizienter und kontrollierter sie abläuft, desto erfolgreicher ist die Zellvermehrung im Bioreaktor.

Grundsätzlich unterscheidet man zwei Hauptformen der Zellteilung: Mitose und Meiose. Die Mitose ist die häufigste Form, bei der aus einer Zelle zwei genetisch identische Tochterzellen entstehen. Sie ist für Wachstum, Reparatur und Gewebeerneuerung verantwortlich. Die Meiose ist eine spezialisierte Teilung zur Bildung von Keimzellen (Eizellen und Spermien). Sie spielt in der Produktion von kultiviertem Fleisch keine Rolle.

Im Kontext der Zellkultivierung ist die Mitose von zentraler Bedeutung. Um zu verstehen, wie Zellen wachsen und sich vermehren, lohnt sich ein kurzer Blick auf den Ablauf dieser Teilung.

2.3.2 Der Ablauf der Mitose

Die Mitose verläuft in mehreren exakt koordinierten Phasen, die zusammen einen hochpräzisen Prozess bilden. In der Interphase bereitet sich die Zelle auf die Teilung vor, indem sie ihr Erbgut verdoppelt und wächst. Diese Phase umfasst die Abschnitte G_1, S und G_2 (siehe Abschn. 2.2.2). Es folgt die Prophase, in der die Chromosomen kondensieren, das heißt, die DNA verdichtet sich und wird sichtbar strukturiert, während sich gleichzeitig die Kernhülle zu lösen beginnt. In der Metaphase ordnen sich die Chromosomen entlang der Äquatorialplatte in der Mitte der Zelle an, ehe in der Anaphase die Schwesterchromatiden voneinander getrennt und zu entgegengesetzten Zellpolen gezogen werden. In der darauffolgenden Telophase bilden sich neue Zellkerne, und die Chromosomen dekondensieren wieder. Schließlich kommt es in der Zytokinese zur Teilung des Zellplasmas, wodurch zwei Tochterzellen entstehen, die genetisch identisch mit der Mutterzelle sind. Dieser präzise Ablauf ist evolutionär hoch konserviert und wird durch ein komplexes Netzwerk von Proteinen reguliert. In der Zellkultur lässt sich dieser Prozess mithilfe von Mikroskopie oder molekularen Markern verfolgen, um die Gesundheit und Stabilität der Zellen zu überwachen.

2.3.3 Wie oft können sich Zellen teilen?

Nicht alle Zellen haben die gleiche „Lebenserwartung“ in Bezug auf Teilungsfähigkeit. Die maximale Anzahl von Teilungen einer Zelle ist durch ihre genetische Ausstattung und epigenetische Regulation begrenzt. Epigenetik beschreibt hierbei Veränderungen in der Genaktivität, die nicht durch Veränderungen der DNA-Sequenz selbst entstehen, sondern durch chemische Modifikationen wie Methylierung oder Histonveränderungen. Diese beeinflussen, welche Gene ein- oder ausgeschaltet werden – und können durch Umweltfaktoren, Ernährung oder Stress beeinflusst werden. Eine zentrale Rolle für die „Lebenserwartung“ einer Zelle spielt das sogenannte Hayflick-Limit.

Hayflick-Limit
Der US-amerikanische Forscher Leonard Hayflick entdeckte in den 1960er Jahren, dass sich normale menschliche Körperzellen (somatische Zellen) nur etwa 40 bis 60 Mal teilen können, bevor sie in eine Ruhephase eintreten und schließlich absterben. Dieser Effekt ist auf die Verkürzung der Telomere zurückzuführen. Dabei handelt es sich um Schutzkappen an den Enden der Chromosomen, die bei jeder Zellteilung ein Stück kürzer werden.

Telomerase und „unsterbliche“ Zellen
Einige Zelltypen – insbesondere Stammzellen – besitzen das Enzym Telomerase, das Telomere wieder verlängern kann. Dadurch können sie sich deutlich häufiger oder sogar unbegrenzt teilen. Auch viele Krebszellen aktivieren Telomerase und umgehen so das

Hayflick-Limit. Dieser Mechanismus ist sowohl in der Krebsforschung als auch bei der Entwicklung langlebiger Zelllinien relevant.

Für die Herstellung von kultiviertem Fleisch bedeutet das: Nicht jede Zelle ist gleichermaßen geeignet. Während sich differenzierte Muskelzellen kaum teilen können, sind Stammzellen oder Vorläuferzellen besser geeignet, um über viele Zyklen hinweg große Zellmengen zu erzeugen.

2.3.4 Teilung und Zellqualität: Nicht jede Teilung ist gut

Obwohl die Vermehrung von Zellen grundsätzlich erwünscht ist, birgt sie zugleich auch gewisse Risiken. So können Fehler bei der DNA-Replikation beispielsweise zu Mutationen führen, welche die Stabilität oder Funktionalität der Zellen beeinträchtigen. Auch Stressfaktoren in der Kulturumgebung, etwa Nährstoffmangel oder Verschiebungen des pH-Werts, können fehlerhafte Zellteilungen nach sich ziehen oder sogar zum Absterben von Zellen führen. Hinzu kommt die sogenannte Kontaktinhibition: In dichten Zellkulturen registrieren die Zellen, wenn der Platz begrenzt ist, und stellen ihre Teilung ein – ein natürlicher Schutzmechanismus gegen unkontrolliertes Wachstum.

Für die industrielle Zellkultur ist es daher entscheidend, eine Balance zwischen schnellem Wachstum und hoher Zellqualität zu gewährleisten. Die Zellteilung sollte nicht nur effizient, sondern vor allem stabil und kontrolliert ablaufen.

2.3.5 Kontrollierte Zellvermehrung im Bioreaktor

In der Praxis wird die Teilung von Zellen durch die gezielte Zugabe spezifischer Wachstumsfaktoren wie FGF, EGF oder IGF stimuliert. Parallel dazu überwachen Sensoren die Zellzahl, die Nährstoffversorgung, die Anreicherung von Abfallstoffen und den Sauerstoffgehalt kontinuierlich, sodass die Kulturbedingungen jederzeit optimal angepasst werden können.

Ein zentrales Ziel in der Produktion von kultiviertem Fleisch besteht darin, zelluläre Produktionssysteme zu entwickeln, die sich schnell vermehren, dabei nicht spontan altern, ihre genetische Stabilität bewahren und sich bei Bedarf gezielt differenzieren lassen. Stammzellen – beispielsweise mesenchymale Stammzellen oder Satellitenzellen aus Muskelgewebe – erfüllen viele dieser Anforderungen. Sie stehen daher im Abschn. 2.5 im Mittelpunkt der Betrachtung.

Fazit: Die Zellteilung ist der Motor des Zellwachstums
Die Fähigkeit von Zellen, sich zu teilen, ist entscheidend, um große Mengen von Gewebe im Labor herzustellen. Doch nicht jede Zelle kann sich unbegrenzt teilen – und jede Zellteilung

muss biologisch präzise ablaufen, um Funktionalität und Sicherheit zu gewährleisten. Die Wahl geeigneter Zelltypen mit hohem Teilungspotenzial – insbesondere Stammzellen – ist deshalb ein Schlüsselfaktor auf dem Weg zum kultivierten Fleisch.

2.4 Was „essen" Zellen? Energiegewinnung und Nährstoffversorgung

2.4.1 Zellen brauchen Energie - genau wie wir

Wie alle Lebewesen benötigen auch Zellen Energie, um zu leben und zu funktionieren. Sie wachsen, teilen sich, kommunizieren und bauen Proteine auf – all das kostet Energie. Auch außerhalb des Körpers, in der Kulturschale oder im Bioreaktor, müssen Zellen mit allem versorgt werden, was sie brauchen. Der Unterschied: *In vitro* geschieht dies nicht über den Blutkreislauf, sondern über ein künstlich zusammengesetztes Nährmedium (siehe Kap. 4).

Damit Zellen sich wohlfühlen und gedeihen, müssen drei grundlegende Fragen beantwortet sein: Woher bekommen sie Energie? Welche Stoffe benötigen sie für den Aufbau? Wie wird das Milieu stabil gehalten?

2.4.2 Energiequelle Nummer 1: Glukose

Zellen „essen" keine Nahrung im klassischen Sinne, sondern nehmen einzelne Moleküle auf. Die wichtigste Energiequelle ist dabei Glukose (Traubenzucker). Sie gelangt über spezielle Transportproteine in die Zelle und wird dort in einer Reihe biochemischer Prozesse abgebaut. Man unterscheidet zwei Hauptwege der Energiegewinnung: Zunächst erfolgt im Zytoplasma die Glykolyse, bei der Glukose in Pyruvat gespalten wird und bereits erste ATP-Moleküle entstehen. Anschließend wird in den Mitochondrien das Pyruvat – sofern Sauerstoff vorhanden ist – im Zitratzyklus und in der Atmungskette vollständig zu Kohlendioxid und Wasser abgebaut. Dieser aerobe Prozess liefert den größten Teil der zellulären Energie und ermöglicht die Bildung von bis zu 36 ATP-Molekülen pro Glukoseeinheit. Steht dagegen kein Sauerstoff zur Verfügung, bleibt der Zelle nur die anaerobe Glykolyse. Diese ist jedoch deutlich weniger effizient und führt unter anderem zur Bildung von Laktat, welches das Milieu ansäuern kann.

Für das Zellwachstum im Bioreaktor ist es daher entscheidend, ein Gleichgewicht sicherzustellen. Es müssen stets ausreichend Glukose und Sauerstoff verfügbar sein, während gleichzeitig entstehende Abfallstoffe regelmäßig entfernt werden. Nur so können stabile Bedingungen geschaffen werden, die ein nachhaltiges Wachstum der Zellen ermöglichen.

2.4.3 Weitere Nährstoffe: Was Zellen noch brauchen

Neben Energie in Form von Glukose benötigen Zellen eine Vielzahl weiterer Moleküle, die für Wachstum und Funktion unerlässlich sind. Dazu gehören vor allem Aminosäuren, die als Bausteine der Proteine dienen und somit die Zellstruktur und die enzymatischen Funktionen bestimmen. Ebenso wichtig sind Lipide und Fettsäuren, die nicht nur zentrale Bestandteile der Zellmembran darstellen, sondern auch an Signalprozessen beteiligt sind und als Energiespeicher fungieren. Vitamine und Spurenelemente übernehmen häufig die Rolle von Co-Faktoren für Enzyme. Bekannte Beispiele sind Vitamin B12, Eisen oder Zink. Darüber hinaus spielen Salze und Ionen wie Kalium, Calcium, Natrium oder Magnesium eine wichtige Rolle bei der Regulation des Wasserhaushalts, der elektrischen Ladung sowie zahlreicher enzymatischer Prozesse. Schließlich werden auch Nukleotide wie ATP oder GTP benötigt. Sie wirken einerseits als Energieträger und dienen andererseits als Bausteine für DNA und RNA. All diese Substanzen müssen dem Nährmedium in exakt definierter Konzentration und stets abgestimmt auf den jeweiligen Zelltyp zugeführt werden.

2.4.4 Wachstumsfaktoren: Die molekularen Signalgeber

Zellen benötigen nicht nur Baustoffe und Energie, sondern auch Signale, wann sie sich teilen oder differenzieren sollen. Diese liefern spezielle Proteine, sogenannte Wachstumsfaktoren, z. B.:

- EGF (Epidermal Growth Factor): Stimuliert Zellproliferation.
- FGF (Fibroblast Growth Factor): Fördert Wachstum und Differenzierung.
- IGF (Insulin-like Growth Factor): Unterstützt Stoffwechsel und Zellteilung.
- TGF-β (Transforming Growth Factor-beta): Reguliert Zelldifferenzierung und Gewebeaufbau.

In natürlichen Geweben werden diese Signale von Nachbarzellen oder dem Immunsystem bereitgestellt. In der Zellkultur müssen sie hingegen künstlich zugegeben werden – ein kostspieliger, aber notwendiger Bestandteil des Nährmediums (siehe Kap. 4).

2.4.5 Künstliche Versorgung: Das Nährmedium

Im Labor ersetzt das Nährmedium die Funktionen von Blut, Gewebe und Organen. Es ist eine wässrige Lösung mit genau abgestimmter Zusammensetzung. Gängige Medien enthalten (Ham 1965):

- Glukose
- 20 Standard-Aminosäuren
- Salze (z. B. NaCl, KCl, $MgSO_4$)
- Spurenelemente
- Vitamine (z. B. B-Komplex, Vitamin C, E)
- Puffer (z. B. HEPES) zur Stabilisierung des pH-Werts
- ggf. Serum oder rekombinante Wachstumsfaktoren

Für die Herstellung von kultiviertem Fleisch wird zunehmend auf tierfreie, chemisch definierte Medien gesetzt, um ethische Standards und Lebensmittelsicherheit zu gewährleisten (siehe Kap. 4 und 8).

2.4.6 Der Energiehaushalt im Bioreaktor

In der industriellen Zellkultivierung wird das Nährstoffangebot nicht dem Zufall überlassen, sondern mithilfe von Sensoren und automatisierten Steuerungssystemen präzise reguliert. So überwachen Glukosesensoren kontinuierlich den Zuckergehalt im Medium und ergänzen bei Bedarf Nachschub. Gleichzeitig geben pH- und Laktatsensoren Aufschluss darüber, ob die Zellen ausreichend mit Sauerstoff versorgt sind oder bereits in Sauerstoffnot geraten. Ergänzt wird dieses Monitoring durch Gasversorgungssysteme, die den Kulturansatz über Belüftung oder den Einsatz von Mikroblasen gezielt mit Sauerstoff anreichern.

Auf diese Weise lässt sich ein stabiles Mikromilieu schaffen, in dem die Zellen konstant wachsen und sich spezialisieren können. Dies ist eine unverzichtbare Grundlage für eine verlässliche und reproduzierbare Produktion von kultiviertem Fleisch.

Fazit: Zellen sind anspruchsvolle Esser

Zellen benötigen nicht nur Energie in Form von Zucker, sondern auch eine Vielzahl anderer Moleküle – von Aminosäuren bis zu Wachstumsfaktoren. Nur wenn sie optimal versorgt werden, können sie sich teilen, wachsen und funktionales Gewebe bilden. Die Entwicklung geeigneter Nährmedien und Versorgungsstrategien ist daher ein entscheidender Erfolgsfaktor bei der Produktion von kultiviertem Fleisch.

Im nächsten Kapitel widmen wir uns den Zellen, die besonders gut auf diese Bedingungen ansprechen – den Stammzellen.

2.5 Was sind Stammzellen und was sind ihre besonderen Eigenschaften?

2.5.1 Stammzellen: Die Alleskönner unter den Zellen

Stammzellen sind eine besondere Art von Zellen, die sich von anderen Körperzellen in zwei entscheidenden Punkten unterscheiden:

1. Selbsterneuerung (Proliferation): Sie können sich durch Zellteilung über längere Zeiträume selbst erhalten, ohne ihre Eigenschaften zu verlieren.
2. Differenzierung: Sie haben das Potenzial, sich in verschiedene spezialisierte Zelltypen zu entwickeln – beispielsweise Muskelzellen, Fettzellen oder Knorpelzellen.

Diese Eigenschaften machen Stammzellen nicht nur für die regenerative Medizin, sondern auch für die Herstellung von kultiviertem Fleisch besonders interessant: Sie können als Ausgangsmaterial dienen, aus dem sich gezielt Gewebe bilden lässt.

2.5.2 Arten von Stammzellen

Je nach Herkunft und Potenzial unterscheidet man verschiedene Typen von Stammzellen (Takahashi und Yamanaka 2006). Embryonale Stammzellen (ESCs) werden aus sehr frühen Embryonen im Blastozysten-Stadium gewonnen. Sie sind pluripotent, das heißt, sie können sich in alle der mehr als 200 Zelltypen des Körpers entwickeln. Zudem besitzen sie eine sehr hohe Teilungsrate und ein enormes Differenzierungspotenzial. Allerdings sind sie ethisch stark umstritten und dürfen in vielen Ländern, darunter auch Deutschland, nur eingeschränkt genutzt werden.

Eine weitere Gruppe bilden die adulten Stammzellen, die auch als somatische oder gewebespezifische Stammzellen bezeichnet werden. Sie kommen in unterschiedlichen Geweben wie Knochenmark, Muskel- oder Fettgewebe vor. Im Gegensatz zu embryonalen Stammzellen sind sie nur multipotent. Dies bedeutet, dass sie sich ausschließlich in Zelltypen ihres Ursprungsgewebes entwickeln können. Ihr Teilungspotenzial ist begrenzt, dennoch sind sie für die Forschung attraktiv, da ihre Nutzung ethisch deutlich weniger problematisch ist.

Die dritte Gruppe bilden die induzierten pluripotenten Stammzellen (iPSCs). Dabei handelt es sich um Körperzellen, die künstlich so reprogrammiert wurden, dass sie wieder pluripotent sind. iPSCs vereinen die Vorteile embryonaler Stammzellen mit einer weitgehenden ethischen Unbedenklichkeit. Ihr Einsatz gilt auch in der Lebensmittelforschung als vielversprechend, ist jedoch technisch noch komplex und mit hohen Kosten verbunden. Dabei müssen sie für die Lebensmittelherstellung mithilfe von Proteinen reprogrammiert werden. Es ist also keine umstrittene gentechnische Veränderung notwendig.

In der Produktion von kultiviertem Fleisch werden vor allem muskelvorläuferartige adulte Stammzellen (z. B. Satellitenzellen) oder mesenchymale Stammzellen verwendet, je nachdem, welches Gewebe (Muskel, Fett oder Bindegewebe) produziert werden soll.

2.5.3 Proliferation: Die Fähigkeit zur Selbsterneuerung

Ein entscheidender Vorteil von Stammzellen ist ihre Fähigkeit zur kontinuierlichen Teilung. Während viele Körperzellen bereits nach wenigen Teilungen in die Seneszenz übergehen oder sich dauerhaft differenzieren, behalten Stammzellen ihre Teilungsfähigkeit oft über viele Wochen oder sogar Monate hinweg.

Diese ausgeprägte Proliferationsfähigkeit ist die Grundlage für den Aufbau großer Mengen an Zellmasse im Bioreaktor. Je effizienter eine Stammzelllinie wächst, desto wirtschaftlicher ist der Produktionsprozess. Dabei kommt es jedoch nicht nur auf die schiere Geschwindigkeit an. Die Zellteilung muss stets kontrolliert erfolgen, um unkontrolliertes Wachstum zu vermeiden. Gleichzeitig dürfen die Zellen ihre „Stammzellidentität" nicht vorzeitig verlieren, da sie erst in einem späteren Schritt gezielt differenziert werden sollen. Ebenso entscheidend ist eine langfristige genetische Stabilität. Sie ist eine zentrale Voraussetzung für die Sicherheit und Verlässlichkeit von Lebensmitteln (Sharma und Bhonde 2020).

2.5.4 Differenzierung: Vom Rohmaterial zur Spezialzelle

Ein zweites zentrales Merkmal von Stammzellen ist ihre Fähigkeit zur gezielten Differenzierung. Unter dem Einfluss spezifischer Signalstoffe oder mechanischer Reize können sie sich zu spezialisierten Zelltypen entwickeln. So entstehen beispielsweise aus myogenen Vorläuferzellen Muskelzellen, die sich zu kontraktilen Myotuben zusammenschließen, während aus mesenchymalen Stammzellen unter geeigneten Bedingungen Fettzellen hervorgehen. Ebenso können sich aus anderen Vorläuferpopulationen Fibroblasten entwickeln, die für die Bildung von Bindegewebe verantwortlich sind. Für die Herstellung von kultiviertem Fleisch ist diese Vielfalt entscheidend: Soll ein mageres Filet erzeugt werden, liegt der Schwerpunkt auf Muskelzellen. Für ein stärker durchzogenes Steak werden zusätzlich Fett- und Bindegewebszellen im richtigen Verhältnis benötigt (Rohwedel et al. 1994).

Die Differenzierung kann durch verschiedene Mechanismen ausgelöst werden. Biochemische Faktoren spielen dabei eine zentrale Rolle: Eine Absenkung der Serumkonzentration, der Entzug bestimmter Wachstumsfaktoren oder die Zugabe spezieller Signalmoleküle wie TGF-β oder BMPs können den Prozess steuern. Auch mechanische Reize wie Dehnung, Vibration oder elektrische Stimulation beeinflussen das Schicksal der Zellen. Schließlich wirkt die Zusammensetzung der Matrixumgebung als entscheidender Faktor: Ob Gelatine, Alginate oder pflanzliche Trägermaterialien verwendet werden, beeinflusst maßgeblich, ob und wie Zellen ihre Identität verändern.

Das Ziel all dieser Ansätze besteht darin, dass sich die Zellen nicht nur morphologisch, sondern auch funktional in Muskel-, Fett- oder Bindegewebszellen verwandeln. So sollen Muskelzellen kontraktile Fasern ausbilden und Fettzellen Lipide speichern können, um die Textur und Qualität des kultivierten Fleisches möglichst realistisch nachzubilden. Die Zellen sollen sich nicht nur „optisch" in Muskel- oder Fettzellen verwandeln, sondern auch funktionale Eigenschaften entwickeln, beispielsweise kontraktile Fasern bei Muskelzellen oder Lipidspeicherung bei Fettzellen.

2.5.5 Warum Stammzellen ideal für kultiviertes Fleisch sind

Zusammengefasst bieten Stammzellen mehrere Vorteile:

- Teilungsfähigkeit: Vermehrung von Zellen in großen Mengen
- Differenzierungspotenzial: Erzeugung verschiedener Gewebetypen (z. B. Muskel- oder Fettgewebe)
- Kultivierbarkeit: Langfristige Erhaltung in vitro
- Steuerbarkeit: Reaktion auf gezielte Signale im Bioreaktor
- Reproduzierbarkeit: Ermöglichung konsistenter Produktqualität

Die Auswahl der geeigneten Stammzellquelle und die Entwicklung einer robusten Kultivierungsstrategie sind entscheidende Schritte auf dem Weg zur Skalierung der In-vitro-Fleischproduktion.

Fazit: Stammzellen sind die Grundlage für gezüchtetes Fleisch
Dank ihrer Fähigkeit zur Selbsterneuerung und gezielten Differenzierung sind Stammzellen das ideale Ausgangsmaterial für die Herstellung von kultiviertem Fleisch. Sie liefern die nötige Zellmasse und ermöglichen gleichzeitig die Entwicklung von funktionalen Geweben, die in Struktur, Nährwert und Geschmack tierischem Fleisch immer ähnlicher werden.

Im nächsten Abschnitt gehen wir der Frage nach, wie diese Zellen in dreidimensional wachsen und zu komplexem Gewebe organisiert werden – der nächste Schritt vom Zellhaufen zum Fleischstück.

2.6 Wie werden die besonderen Eigenschaften der Zellen bei der Herstellung von kultiviertem Fleisch eingesetzt?

2.6.1 Von der Zelle zum Gewebe: Eine biotechnologische Reise

Die Herstellung von kultiviertem Fleisch ist ein mehrstufiger, komplexer Prozess, der auf den biologischen Eigenschaften der verwendeten Zellen beruht – vor allem auf ihrer Fähigkeit zur Proliferation (Vermehrung) und Differenzierung (Spezialisierung).

Ziel ist es, unter kontrollierten Bedingungen tierische Zellen zu einer struktur- und funktionsfähigen Gewebeeinheit heranwachsen zu lassen – und das ganz ohne Tierhaltung, Schlachtung oder Antibiotikaeinsatz. Dabei werden natürliche Prozesse gezielt imitiert und technisch nachgebildet.

2.6.2 Auswahl und Gewinnung der geeigneten Zellen

Bei der Herstellung von kultiviertem Fleisch ist die Auswahl eines geeigneten zellulären Ausgangsmaterials der erste Schritt. Besonders im Fokus stehen dabei Stammzellen oder Muskelvorläuferzellen. Häufig verwendet werden Satellitenzellen, also Muskelstammzellen, die im Körper für die Regeneration von Muskelfasern zuständig sind. Eine weitere wichtige Quelle sind mesenchymale Stammzellen, die aus Geweben wie Fett, Knochenmark oder Bindegewebe gewonnen werden können und sich durch ihre Vielseitigkeit auszeichnen. Darüber hinaus rücken auch induzierte pluripotente Stammzellen zunehmend in den Blick. Dabei handelt es sich nicht um direkt aus einem Tier entnommene Zellen, sondern um zuvor gewonnene Körperzellen, die durch gezielte Reprogrammierung wieder in einen pluripotenten Zustand zurückversetzt wurden. Sie besitzen ein großes Potenzial für die Fleischforschung, sind jedoch in der praktischen Anwendung noch mit technischen Herausforderungen verbunden.

In der Regel werden die primären Zellen durch eine kleine Biopsie gewonnen, die meist unter lokaler Betäubung durchgeführt wird. Dieses Verfahren ist für das Tier vergleichsweise schonend und bildet die Grundlage für die spätere Kultivierung im Bioreaktor.

2.6.3 Zellvermehrung: Proliferation im Bioreaktor

Im nächsten Schritt werden die Zellen in speziellen Kultursystemen vermehrt: zunächst in kleinen Gefäßen, dann in größeren Bioreaktoren, die an Fermenter in der Lebensmittelindustrie erinnern (siehe Kap. 5).

Die Zellen durchlaufen dabei kontrollierte Teilungszyklen, bei denen sich ihre Zahl um das Tausend- bis Millionenfache erhöht. Dieser Prozess basiert auf ihrer Fähigkeit zur Selbsterneuerung. Entscheidend für eine erfolgreiche Proliferation sind:

- optimale Nährstoffversorgung (siehe Abschn. 2.4)
- stabile Kulturbedingungen (Temperatur, pH-Wert, Sauerstoffgehalt)
- serumfreie Wachstumsmedien, um ethische und regulatorische Anforderungen zu erfüllen
- kontinuierliche Kontrolle von Zellzahl, Vitalität und Teilungsrate.

Ziel ist eine möglichst hohe Zellmasse, die später in Gewebeform gebracht werden kann.

2.6.4 Differenzierung im Bioreaktor: Aus Zellen wird Gewebe

Nach einer Phase intensiver Vermehrung im Bioreaktor werden die Zellen gezielt in einen anderen Zustand überführt: Die Proliferation wird gestoppt oder zumindest deutlich reduziert, und stattdessen setzt die Differenzierung ein. Dabei wandeln sich die Zellen in spezialisierte Zelltypen um, die für die spätere Fleischproduktion von entscheidender Bedeutung sind. So entwickeln sich aus Myoblasten Muskelfasern, aus mesenchymalen Stammzellen entstehen Fettzellen, und aus weiteren Vorläuferzellen gehen Bindegewebszellen hervor, die für Stabilität und Struktur sorgen.

Die Einleitung dieser Differenzierung erfolgt durch verschiedene Steuerungsmechanismen, die direkt in den Bioreaktorprozess integriert sind. Biochemische Stimuli wie der Entzug von Wachstumsfaktoren oder die gezielte Zugabe von Differenzierungsfaktoren – etwa TGF-β, IGF oder Dexamethason – geben den Zellen klare Signale für die Spezialisierung. Ergänzt werden diese durch mechanische Reize: So können gezielte Streckungen oder Vibrationen der Zellträger die natürliche Belastung von Muskelgewebe nachahmen und die Ausreifung fördern. Schließlich spielen auch die verwendeten Matrixmaterialien oder sogenannten Scaffolds eine zentrale Rolle, da sie den Zellen Form, Struktur und Textur vorgeben.

Welche Differenzierungsstrategie zum Einsatz kommt, hängt maßgeblich vom gewünschten Endprodukt ab. Während für die Herstellung von Hackfleisch vor allem die Erzeugung einfacher Zellmassen im Vordergrund steht, erfordert die Produktion von steakähnlichen Geweben komplexe Mischungen aus Muskel-, Fett- und Bindegewebszellen sowie eine präzise räumliche Organisation. So entsteht aus den kultivierten Zellen schrittweise ein Gewebe, das in Struktur und Funktion immer stärker natürlichem Fleisch ähnelt.

2.6.5 Strukturaufbau: 3D-Gewebe durch Zellorganisation

Damit das Endprodukt tatsächlich fleischähnlich wirkt, reicht es nicht aus, lediglich viele Zellen zu erzeugen – diese müssen auch räumlich organisiert werden. Dazu werden biokompatible Gerüststrukturen eingesetzt (Scaffolds). Diese bestehen beispielsweise aus:

- pflanzlichen Biopolymeren (z. B. Alginat oder Cellulose)
- Hydrogelen (z. B. aus Soja, Pilzfasern oder Gelatine)
- essbaren Trägermaterialien, die Nährstoffe transportieren können.

Diese Gerüste imitieren die extrazelluläre Matrix natürlicher Gewebe. Sie geben den Zellen Halt und Orientierung und helfen dabei, Muskel- und Fettzellen räumlich zu trennen, so wie es auch im natürlichen Fleisch der Fall ist.

Fortschritte in der 3D-Bioprinting-Technologie ermöglichen es sogar, Zellen und Gerüstmaterialien schichtweise zu drucken und auf diese Weise komplexere Gewebestrukturen zu erzeugen – etwa für strukturierte Produkte wie Steak oder Hähnchenbrust (siehe Kap. 6).

2.6.6 Reifung und „Training" des Gewebes

Einige Unternehmen gehen über die reine Differenzierung hinaus und unterziehen das gezüchtete Gewebe einer Art „Training", um Konsistenz und Funktionalität weiter zu verbessern. Dabei wird das Gewebe gezielt mechanischen Belastungen ausgesetzt, die den natürlichen Muskelkontraktionen ähneln. Auch elektrische Impulse sowie zyklische Dehnungen oder Kompressionen können eingesetzt werden, um die Zellen zu stimulieren. Durch diese Reize reifen die Muskelfasern besser aus, ihre Dichte nimmt zu und die sensorischen Eigenschaften des Endprodukts, insbesondere Geschmack, Textur und Bissfestigkeit, verbessern sich spürbar.

2.6.7 Zusammensetzung: Die richtige Mischung macht's

Für ein realistisches Fleischprodukt ist nicht nur die Muskelmasse wichtig. Auch Fettgewebe, Bindegewebe und Zellzwischenräume tragen entscheidend zu Geschmack, Saftigkeit und Textur bei.

Deshalb arbeiten viele Produzenten mit Zell-Cocktails, bei denen verschiedene Zelltypen gemeinsam wachsen und sich organisieren. So entsteht ein Gewebe, das natürlichem Fleisch in Struktur und Zusammensetzung sehr nahekommt.

Fazit: Biologie trifft Technik

Die besonderen Eigenschaften von Stammzellen, also ihre Fähigkeit zur Teilung und Differenzierung, bilden das biologische Fundament der In-vitro-Fleischproduktion. Durch die biotechnologische Steuerung dieser Eigenschaften lassen sich Zellen kontrolliert vermehren, spezialisieren und zu funktionalem Gewebe zusammenfügen.

So entsteht aus einer kleinen Biopsie ein komplexes, essbares Produkt – und aus biologischem Wissen wird ein neuer Weg zur nachhaltigen Lebensmittelproduktion.

2.7 Stammzellen: Warum eignen sie sich für die Fleischproduktion besonders gut?

2.7.1 Der ideale Zelltyp für kultiviertes Fleisch

Für die *in vitro*-Produktion sind reife Muskel- oder Fettzellen ungeeignet, da sie sich nicht mehr teilen können. Sie sind zwar funktional, aber biologisch „ausgereizt". Stammzellen hingegen kombinieren Wachstum und Plastizität und bilden somit die Brücke zwischen zellulärem Ursprung und strukturiertem Endprodukt.

Darüber hinaus lassen sich Stammzellen über viele Generationen kultivieren, ohne dass sie ihre genetische Stabilität verlieren. Diese ist ein wichtiger Aspekt in Bezug auf Produktsicherheit, Standardisierung und Reproduzierbarkeit.

2.7.2 Herausforderungen im Umgang mit Stammzellen

Trotz ihrer zahlreichen Vorteile sind Stammzellen in der Anwendung keineswegs Selbstläufer, sondern sie bringen verschiedene Herausforderungen mit sich. Eine zentrale Hürde sind die hohen Kosten, die durch die Verwendung von Wachstumsfaktoren und speziellen Medienzusätzen wie FGF oder IGF entstehen. Hinzu kommt, dass Differenzierungsprotokolle je nach Zelltyp und Tierart optimiert werden müssen, was einen hohen Forschungsaufwand erfordert. Kritisch ist auch die langfristige genetische Stabilität der Kulturen, da Mutationen die Funktionalität der Zellen und damit die Lebensmittelsicherheit beeinträchtigen können. Zusätzlich werfen insbesondere iPSCs und andere tierische Zellquellen komplexe regulatorische Fragen auf. Schließlich hängt die Akzeptanz der Konsument*innen stark von der Herkunft der eingesetzten Zellen und den verwendeten Kulturmethoden ab.

Um diese Herausforderungen zu bewältigen, arbeiten Forschungsgruppen und Start-ups an innovativen Lösungen. Dazu gehört die Entwicklung tierfreier Nährmedien, die vollständig ohne Serum oder andere tierische Zusätze auskommen und ausschließlich aus definierten, nicht-tierischen Inhaltsstoffen bestehen (siehe Kap. 4). Parallel dazu wird an automatisierten Bioreaktoren geforscht, die Prozesse standardisieren und kostengünstiger machen sollen (siehe Kap. 5). Ein weiteres wichtiges Ziel ist die Etablierung robuster Zelllinien, die für den Einsatz in der Lebensmittelproduktion zugelassen werden können und eine stabile, reproduzierbare Grundlage für die Herstellung von kultiviertem Fleisch bieten.

2.7.3 Die Zukunft: Designer-Zellen für Designer-Fleisch?

Ein besonders spannender Ausblick eröffnet sich durch die Möglichkeit, Stammzellen gezielt genetisch oder epigenetisch zu verändern, um die Eigenschaften des daraus entstehenden Gewebes zu optimieren. So ließe sich beispielsweise der Gehalt an ungesättigten Fettsäuren gezielt erhöhen, um das Fleisch ernährungsphysiologisch aufzuwerten. Auch Veränderungen in Textur oder Farbe wären denkbar, ebenso wie eine gezielte Anreicherung des Gewebes mit zusätzlichen Vitaminen oder Proteinen. Langfristig könnten so sogar maßgeschneiderte Gewebezusammensetzungen entstehen, die individuell an bestimmte Ernährungsbedürfnisse oder Wünsche der Konsumierenden angepasst sind.

Solche Ansätze befinden sich jedoch noch in einem sehr frühen Stadium und sind mit erheblichen ethischen sowie regulatorischen Fragen verbunden. Dennoch verdeutlichen sie das enorme Potenzial der Zellbiotechnologie und zeigen, wie stark sich das Konzept des kultivierten Fleisches in Zukunft weiterentwickeln könnte.

Fazit: Stammzellen als Schlüssel zum kultivierten Fleisch

Stammzellen vereinen zwei Eigenschaften, die für die Herstellung von kultiviertem Fleisch unerlässlich sind: die Fähigkeit zur langfristigen Vermehrung und die Fähigkeit zur gezielten Spezialisierung. Sie sind die biologischen Motoren hinter dem Konzept des „Fleisches ohne Tier“ – und zugleich ein Symbol für die Schnittstelle von Natur und Technik, von Forschung und Ernährung.

Im abschließenden Ausblick fragen wir: Was bringt die Zukunft der zellbasierten Lebensmittel? Und wie verändert sich unsere Vorstellung von Fleisch?

2.7.4 Ausblick: Die Zukunft des Fleisches – zellbasiert, nachhaltig, gestaltbar?

Die Zelle steht am Beginn einer möglichen Revolution der Lebensmittelproduktion. Was vor wenigen Jahrzehnten noch wie eine Science-Fiction-Vision wirkte, ist heute in Forschungslaboren und Pilotanlagen eine greifbare Realität geworden: Fleisch kann außerhalb des Tieres, allein aus Zellen, erzeugt werden.

Die Perspektiven sind vielfältig. Mithilfe biotechnologischer Innovationen eröffnet sich die Möglichkeit, Fleischprodukte zu entwickeln, die nicht nur konventionelles Fleisch ersetzen könnten, sondern darüber hinaus neue Eigenschaften besitzen. So könnten Zellen beispielsweise so kultiviert werden, dass sie gesündere Fettsäureprofile aufweisen, zusätzliche Vitamine enthalten oder durch ihre Zusammensetzung gezielt an bestimmte Ernährungsbedürfnisse angepasst sind. Damit entsteht eine neue Lebensmittelkategorie, die nicht länger durch Tierarten oder traditionelle Zuchtmethoden begrenzt ist, sondern durch die Kreativität der Zellbiologie und die Verantwortung der Forschung.

Gleichzeitig bleibt das Konzept ein sensibles Terrain, das Fragen nach Ethik, Regulierung und gesellschaftlicher Akzeptanz aufwirft. Diese Aspekte werden in anderen Beiträgen des Sammelbandes vertieft (siehe Kap. 8, 9, 10 und 13). An dieser Stelle soll vor allem der Blick auf die Zelle selbst gerichtet werden. Denn sie ist Ursprung und Trägerin dieser Entwicklung – die kleinste Einheit des Lebens und zugleich das Fundament für eine neue Form der Fleischproduktion.

So könnte die Zelle, unscheinbar und mikroskopisch klein, zur Triebkraft einer stillen Revolution werden: einer Ernährung, die nachhaltiger, gestaltbarer und unabhängiger von tierischer Landwirtschaft ist. Ob diese Vision Wirklichkeit wird, hängt von wissenschaftlichem Fortschritt, politischer Gestaltung und gesellschaftlicher Akzeptanz ab. Sicher ist jedoch: Die Zelle steht im Zentrum – als Ausgangspunkt einer Zukunft, in der die Fleischproduktion neu gedacht wird.

Literatur

Alberts B, Heald R, Johnson A et al (2022) Molecular biology of the cell, 7. Aufl. WW Norton & Company, New York

Freshney RI (2002) Cell line provenance. Cytotechnology 39(2):55–67. https://doi.org/10.1023/A:1022949730029

Ham RG (1965) Clonal growth of mammalian cells in a chemically defined, synthetic medium. Proc N A S 53(2):288–293

Morgan DO (2007) The cell cycle: Principles of control (primers in biology). New Science Press, London

Post MJ (2012) Cultured meat from stem cells: challenges and prospects. Meat Sci 92(3):297–301. https://doi.org/10.1016/j.meatsci.2012.04.008

Rohwedel J, Maltsev V, Bober et al (1994) Muscle cell differentiation of embryonic stem cells reflects myogenesis in vivo: developmentally regulated expression of myogenic determination genes and functional expression of ionic currents. Dev Biol 164(1):87–101

Sharma S, Bhonde R (2020) Genetic and epigenetic stability of stem cells: Epigenetic modifiers modulate the fate of mesenchymal stem cells. Genomics 112(5):3615–3623. https://doi.org/10.1016/j.ygeno.2020.04.022

Takahashi K, Yamanaka S (2006) Induction of pluripotent stem cells from mouse embryonic and adult fibroblast cultures by defined factors. Cell 126(4):663–676. https://doi.org/10.1016/j.cell.2006.07.024

Rogers, ZJ, Flood D, Bencherif SA et al (2025) Oxygen control in cell culture – Your cells may not be experiencing what you think! Free Radic Biol Med 226(1):279–287. https://doi.org/10.1016/j.freeradbiomed.2024.11.036

BY

3 Der Produktionsprozess: Von der Zelle zum Endprodukt

Anna Leikeim, Simon Heine und Petra J. Kluger

Zusammenfassung

Die Herstellung von kultiviertem Fleisch ist ein innovativer biotechnologischer Prozess, bei dem tierische Zellen außerhalb des Tieres gezüchtet werden. Ausgangspunkt ist eine kleine Gewebeprobe, aus der lebensfähige Zellen isoliert werden. Diese werden unter optimalen Bedingungen in Bioreaktoren vermehrt und anschließend gezielt zu Muskel- und Fettzellen – den Hauptbestandteilen von Fleisch – differenziert. Mittels moderner Verfahren wie 3D-Druck oder unter Zuhilfenahme von Gerüststrukturen wird die Zellmasse verarbeitet. Ziel ist ein Produkt, das konventionellem Fleisch in Geschmack, Textur und Nährwert möglichst nahekommt – jedoch ohne Tierleid, mit geringerem Ressourcenverbrauch und ohne Einsatz von Antibiotika. Während einfache Produkte wie Burger-Patties bereits technisch umsetzbar sind, wird an komplexeren Strukturen wie Steaks noch intensiv geforscht. Herausforderungen bestehen weiterhin in der Skalierung, der Kostenreduktion sowie der Akzeptanz auf dem Markt. Dennoch

A. Leikeim · P. J. Kluger (✉)
Institut für Grenzflächenverfahrenstechnik und Plasmatechnologie IGVP, Universität Stuttgart, Stuttgart, Deutschland
E-Mail: Petra.Kluger@igvp.uni-stuttgart.de

A. Leikeim
E-Mail: anna.leikeim@igvp.uni-stuttgart.de

S. Heine · P. J. Kluger
Fraunhofer-Institut für Grenzflächen- und Bioverfahrenstechnik IGB, Stuttgart, Deutschland
E-Mail: simon.heine@igb.fraunhofer.de

P. J. Kluger
Hochschule Reutlingen, Reutlingen, Deutschland

N. Lin-Hi und I. Blumberg (Hrsg.), *Kultiviertes Fleisch,* SDG – Forschung, Konzepte, Lösungsansätze zur Nachhaltigkeit, https://doi.org/10.1007/978-3-662-73361-5_3

zeigt sich: Kultiviertes Fleisch hat das Potenzial, eine vielversprechende Alternative zur industriellen Tierhaltung für eine zukunftsfähige Lebensmittelversorgung zu werden.

3.1 Einleitung

Der Weg von einer Zelle zum fertigen Fleischprodukt ist ein wissenschaftlicher Prozess, der aus mehreren klar definierten Schritten besteht (siehe Abb. 3.1). Am Anfang steht die Gewinnung von Zellen, die in der Regel durch eine kleine Gewebeprobe (Biopsie) von einem lebenden Tier entnommen werden (Melzener et al. 2021). Alternativ können auch andere Quellen genutzt werden, wie etwa Zellen aus Gewebebanken. Entscheidend ist, dass die gewonnenen Zellen sowohl lebensfähig als auch vermehrungsfähig sind, damit sie in den weiteren Produktionsschritten wachsen und sich entwickeln können (Martins et al. 2024).

Im nächsten Schritt, der sogenannten Proliferation, werden die Zellen in einem nährstoffreichen Medium zur Teilung angeregt. In diesem Schritt wird ihnen ein optimales Wachstumsumfeld geboten, damit sich die Zellen vermehren können. Durch die Kultur in einem Bioreaktor entstehen große Mengen an Zellmaterial, die die Grundlage für die weiteren Schritte bilden.

Danach folgt die Differenzierung bzw. Reifung der Zellen. Dieser Schritt ist besonders wichtig, da die Zellen dazu angeregt werden, sich in spezifische Zelltypen wie Muskel- oder Fettzellen zu entwickeln (Post et al. 2020). Diese spezialisierten Zellen bilden die Grundlage für die Textur und den Geschmack von kultiviertem Fleisch. Der Prozess ahmt die natürliche Entwicklung von Gewebe nach, die auch im Körper eines Tieres stattfinden würde.

Nachdem die Zellen ausreichend gewachsen sind und die Differenzierung abgeschlossen ist, beginnt die Verarbeitung. Hier wird die gewonnene Zellmasse in die gewünschte Form gebracht. Je nach Art des Produkts – ob es sich um Hackfleisch, Burger-Patties oder gar Steaks handelt – kommen unterschiedliche Technologien zum Einsatz. Dazu gehören unter anderem der 3D-Druck (siehe Kap. 6), mit dem komplexere Strukturen geschaffen werden können, oder spezielle Gerüststrukturen, sogenannte Scaffolds, die als Stütze für die Zellen dienen und ihnen helfen, die gewünschte Form und Festigkeit zu erreichen.

Der gesamte Prozess ist darauf ausgelegt, Fleischprodukte herzustellen, die sowohl qualitativ hochwertig als auch sicher und nachhaltig sind (Sinke et al. 2023). Dabei spielen mehrere Faktoren eine wichtige Rolle.

Zum einen soll kultiviertes Fleisch hinsichtlich Geschmack, Textur und Qualität nicht von herkömmlichem Fleisch zu unterscheiden sein, um die Akzeptanz bei Verbraucher*innen sicherzustellen. Gleichzeitig müssen die Produktionskosten gesenkt werden, damit das Produkt zu einem erschwinglichen Preis angeboten werden kann. Zudem ist es essenziell, dass der gesamte Prozess umweltfreundlich wird, indem er weniger Land, Wasser und Energie benötigt als die traditionelle Fleischproduktion.

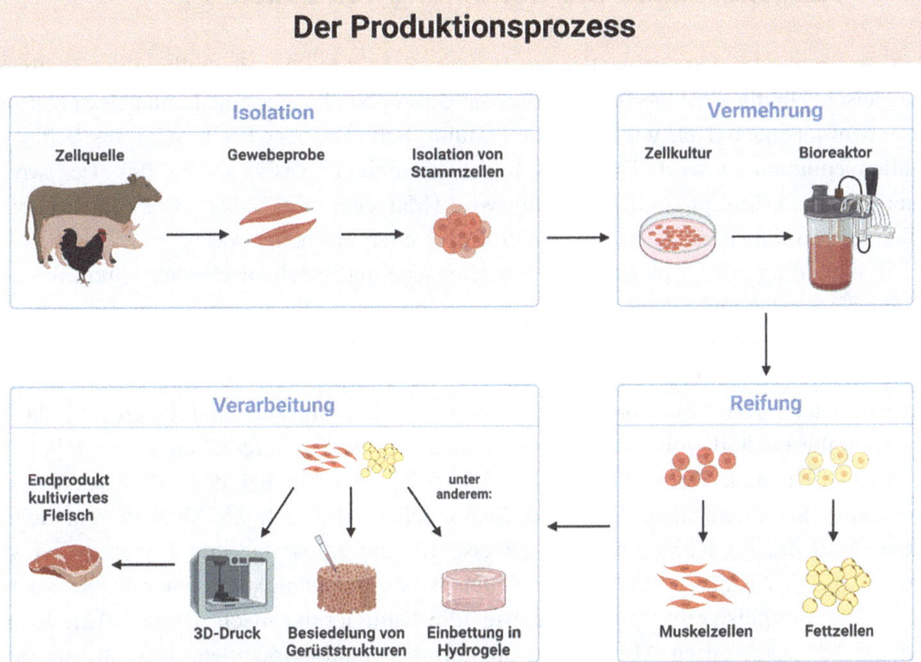

Abb. 3.1 Der Produktionsprozess von kultiviertem Fleisch beginnt mit der Entnahme von Gewebe aus einem Tier. Aus der Gewebeprobe können Stammzellen isoliert werden, welche zunächst mittels Zellkultur und anschließend im Bioreaktor vermehrt werden und anschließend zu den entsprechenden Zellen reifen. Im letzten Schritt werden die Zellen verarbeitet, sodass als Endprodukt kultiviertes Fleisch entsteht. Dafür können die Zellen beispielsweise in essbare Hydrogele eingebettet, auf poröse Gerüststrukturen aufgebracht oder als Biotinte im 3D-Druck verwendet werden. Abbildung erstellt mithilfe von BioRender.com

Es gibt jedoch auch Herausforderungen, die auf dem Weg zur breiten Verfügbarkeit von kultiviertem Fleisch überwunden werden müssen. Technologisch ist der Aufbau und die Pflege von Zellkulturen im großen Maßstab äußerst anspruchsvoll. Bioreaktoren, Nährmedien, Wachstumsfaktoren und Gerüststrukturen müssen so weiterentwickelt werden, dass sie gleichzeitig effizient, kostengünstig und nachhaltig sind.

Besonders die Herstellung von strukturierten Produkten wie Steaks stellt noch eine große technische Herausforderung dar, da die Nachbildung komplexer Gewebestrukturen von Fleisch aufwendig ist. Auch die Frage nach der Nachhaltigkeit der eingesetzten Rohstoffe – wie Nährstoffe und Wachstumsfaktoren – spielt eine wichtige Rolle.

3.2 Ausgangspunkt: Die Gewinnung von Zellen

Die Gewinnung der Ausgangszellen ist der erste Schritt bei der Herstellung von kultiviertem Fleisch. Häufig wird hierfür eine Biopsie verwendet, bei der eine kleine Gewebeprobe von einem lebenden Tier, wie etwa Rind, Huhn, Schwein oder Fisch, oder aus Schlachtabfällen entnommen wird. Diese Methode ist minimalinvasiv, sodass das Tier weder dauerhaft beeinträchtigt noch geschädigt wird (Melzener et al. 2021). Die Biopsie liefert Zellen, die anschließend im Labor isoliert und weiterverarbeitet werden.

Die Isolierung erfolgt meist durch biochemische und mechanische Verfahren, die darauf abzielen, reine und lebensfähige Zellen zu gewinnen. Die ausgewählten Zellen bilden dann die Grundlage für die weiteren Schritte der Kultivierung.

Nicht alle Zellen eines Tieres sind für die Produktion von kultiviertem Fleisch geeignet (siehe Kap. 2). Vor allem benötigt werden Muskel- und Fettzellen, da sie den Hauptbestandteil von Fleisch ausmachen. Deren Vorläuferzellen werden bei der Isolation gewonnen. Dabei handelt es sich beispielsweise bei den Muskelzellen um sogenannte Satellitenzellen. Das sind Stammzellen, die sich zu Muskeln entwickeln können und die im Körper natürlicherweise für die Reparatur und Regeneration von Muskelgewebe zuständig sind. Diese Zellen haben die Fähigkeit, sich effizient zu teilen und zu spezialisieren, was sie ideal für die Kultivierung macht (Post 2012). Jedoch sind sie im ausgereiften Muskel nur in geringer Zahl vorhanden, weshalb spezielle Selektionsverfahren angewendet werden müssen, um die gewünschten Zellen zu isolieren.

Daneben spielen Fettzellen eine wichtige Rolle, da sie entscheidend für den Geschmack und die Saftigkeit von Fleisch sind. Der richtige Anteil an Fettzellen verleiht dem Endprodukt die gewünschte Textur und den typischen Fleischgeschmack.

Neben Muskel- und Fettzellen können auch andere Zelltypen wie Bindegewebszellen verwendet werden. Diese tragen zur Struktur des Fleisches bei und sind vor allem bei der Herstellung von strukturierten Produkten wie Steaks wichtig. Die Auswahl der Zelltypen hängt stark davon ab, welches Endprodukt hergestellt werden soll – Hackfleisch benötigt weniger ausgereifte Zelltypen als beispielsweise ein Steak mit komplexer Gewebestruktur.

Ein großer Vorteil der Produktion von kultiviertem Fleisch ist, dass Zellen nur selten entnommen werden müssen. Durch die Proliferation, also die Fähigkeit der Zellen, sich zu teilen und zu vermehren, kann aus einer einzigen Biopsie eine enorme Menge an Zellmaterial gewonnen werden (Melzener et al. 2021).

Theoretisch ist es möglich, dass eine kleine Zellentnahme ausreicht, um über einen Zeitraum von vielen Monaten Fleisch herzustellen. Die Zellen werden in einem Bioreaktor kultiviert, wo sie unter optimalen Bedingungen wachsen und sich teilen. So können – in der Theorie – Milliarden von Zellen produziert werden, ohne dass erneut Zellen vom Tier entnommen werden müssen.

Mit der Zeit büßen einige Zellen jedoch ihre Teilungsgeschwindigkeit ein oder verlieren die Fähigkeit zur Differenzierung – sie altern. Um dem entgegenzuwirken, besteht die Möglichkeit, Zelllinien zu entwickeln. Dabei handelt es sich um Zellen, die gentechnisch oder durch Selektion so verändert wurden, dass sie sich immer wieder teilen können und dabei ihre Eigenschaften behalten. Das kann man sich vorstellen wie die Vermehrung von Sauerteig: Man entnimmt dem Anstellgut eine kleine Menge und vermischt sie mit frischem Mehl und Wasser, sodass daraus wieder eine größere Menge Sauerteig entsteht. Genauso entnimmt man den Zellen immer wieder eine kleine Menge und gibt sie zur erneuten Vermehrung in frisches Nährmedium. Eine Zelllinie hat also die Fähigkeit, sich unbegrenzt zu teilen, wodurch eine einzige Zellentnahme ausreichend sein kann, um langfristig und kontinuierlich Zellmaterial für die Produktion von kultiviertem Fleisch bereitzustellen.

Ein häufig diskutiertes Thema bei der Produktion von kultiviertem Fleisch ist die Frage, ob die Ursprungszellen genetisch verändert werden. In der Regel sind die Zellen nicht genmanipuliert, da die meisten Unternehmen darauf abzielen, ein möglichst natürliches Produkt herzustellen. Die Zellen werden lediglich in einem optimalen Umfeld kultiviert, das ihr natürliches Wachstum und ihre Teilung fördert.

Es gibt jedoch auch Forschungsteams, die genetische Modifikationen untersuchen, um diesen Prozess effizienter zu gestalten. Genetische Anpassungen könnten beispielsweise dazu dienen, das Zellwachstum zu beschleunigen oder die Zellkultur zu vereinfachen. Denkbar wären etwa Zellen, die robuster gegenüber Scherkräften sind, mit weniger Nährstoffen auskommen oder dichter wachsen können. Derzeit ist dies jedoch kein Standard und wird in der Regel nur in speziellen Forschungsprojekten eingesetzt. Der Fokus liegt darauf, kultiviertes Fleisch herzustellen, das sowohl sicher als auch natürlich ist, um den Ansprüchen der Verbraucher*innen gerecht zu werden. In den meisten Fällen wird daher bewusst auf Genmanipulation verzichtet.

3.3 Der Weg zur Zellkultur

Nach der Entnahme des Zellmaterials beginnt der Prozess der Vermehrung. Zunächst werden die frisch isolierten Zellen in kleinem Maßstab in Zellkulturflaschen herangezogen. Da dies jedoch nicht skalierbar, also nicht für die großvolumige Produktion geeignet ist, werden die Zellen nach erfolgreicher Selektion und Charakterisierung zur Vermehrung im größeren Stil in einen Bioreaktor transferiert.

Bioreaktoren spielen eine zentrale Rolle im Prozess der Zellvermehrung (siehe Kap. 5). Es handelt sich um spezialisierte Behälter, in denen Zellen unter kontrollierten Bedingungen wachsen können. Man könnte sie als „Hightech-Gewächshaus" für Zellen bezeichnen. Sie versorgen die Zellen mit allem, was sie benötigen – etwa mit Nährstoffen, Sauerstoff und Wärme –, und sorgen so dafür, dass sich die Zellen gut vermehren können (Martins et al. 2024).

Im Inneren des Bioreaktors wächst die Zellpopulation in einem kontinuierlichen Prozess, wobei die Zellen sich vermehren, bis eine ausreichende Menge an Zellmaterial erreicht ist. Typischerweise wachsen die Zellen angeheftet auf einer festen Kulturoberfläche, ähnlich wie in ihrer natürlichen Umgebung im Gewebe. Für die großtechnische Herstellung im Bioreaktor müssen die Zellen jedoch frei in der Nährflüssigkeit schwimmend wachsen, damit sich der Prozess leichter vergrößern lässt. Dies kann entweder mithilfe kleiner Kügelchen – sogenannter Microcarrier – geschehen, an denen die Zellen haften, oder indem die Zellen kleine Klümpchen bilden, sogenannte Aggregate (Chen et al. 2022; Klatt et al. 2024).

Mithilfe des Bioreaktors können also die optimalen Bedingungen für die Kultur der Zellen aufrechterhalten werden. In diesem Umfeld vermehren die Zellen sich sehr schnell, wodurch innerhalb weniger Wochen eine große Menge an Zellmaterial entsteht. Dieser Prozess ist entscheidend, um genügend Zellen für die nächsten Produktionsphasen zu gewinnen. Je nach Art des Bioreaktors und der Bedingungen können so aus einer einzigen entnommenen Zelle theoretisch Milliarden von Zellen entstehen (Melzener et al. 2021).

Nach erfolgreicher Vermehrung müssen die Zellen in einem weiteren Schritt differenziert werden. Das bedeutet, dass sie angeregt werden, sich zu den beiden Hauptbestandteilen von Fleisch, nämlich Muskel- oder Fettzellen, zu entwickeln. Das geschieht ganz analog zu den Vorgängen bei der Gewebeentwicklung im Körper. Damit aus Vorläuferzellen Muskel- oder Fettgewebe wird, benötigen die Zellen Anweisungen in Form von speziellen Signalen, die ihnen „sagen", in welchen Gewebetyp sie sich umwandeln sollen. Diese Signale können beispielsweise durch Zusatzstoffe in der Nährlösung gegeben werden – sogenannte Wachstumsfaktoren (siehe Kap. 4), wie z. B. Insulin-like Growth Factor (IGF-1) oder Fibroblast Growth Factor (FGF). Es gibt aber auch physikalische Reize, wie Bewegungen oder Druck, die an das natürliche Training von Muskeln erinnern. Durch diese Reize reifen die Zellen und entwickeln Eigenschaften wie im echten Tier: Muskelzellen bilden lange, faserartige Strukturen, Fettzellen wachsen rundlich und speichern Fett. Dieser Schritt ist besonders wichtig, um am Ende kultiviertes Fleisch zu erhalten, das eine ähnliche Struktur, Konsistenz und den Geschmack von echtem Fleisch hat (Stout et al. 2023).

Der Erfolg dieses Prozesses hängt auch stark von der Qualität des Nährmediums ab (siehe Kap. 4), welches die Zellen während ihres Wachstums mit essenziellen Nährstoffen versorgt. Nur wenn die Zellen alle notwendigen Nährstoffe und Wachstumsfaktoren erhalten, können sie sich effizient vermehren und differenzieren. Im lebenden Tier werden die Zellen im Gewebe über den Blutstrom mit Nährstoffen versorgt. In der Zellkultur muss die optimale Versorgung der Zellen durch das Nährmedium gewährleistet werden. Zu den wichtigsten Bestandteilen des Nährmediums gehören Aminosäuren, die die Bausteine für Proteine liefern und für das Zellwachstum essenziell sind. Kohlenhydrate sind ebenfalls notwendig, da sie den Zellen die Energie liefern, die sie für ihre Teilung und Funktion benötigen. Auch Lipide, also Fette und Fettsäuren, sind wichtig, insbesondere für die Bildung von Fettgewebe, das für die Textur und den Geschmack des Fleisches eine entscheidende Rolle spielt.

Ebenso wichtig sind Mineralstoffe und Spurenelemente wie Kalzium, Magnesium und Eisen, da sie verschiedene Zellfunktionen unterstützen und den Aufbau der Zellstruktur fördern. Vitamine wie Vitamin B12 sind ebenfalls notwendig, da sie den Zellstoffwechsel anregen und die Zellteilung unterstützen.

Neben diesen Nährstoffen kommen auch Wachstumsfaktoren zum Einsatz. Diese speziellen Proteine kommen natürlicherweise in jedem Gewebe vor. Sie fördern die Zellvermehrung und sorgen dafür, dass sich die Zellen in die gewünschten Gewebearten, wie Muskel- oder Fettzellen, differenzieren.

Während früher viele dieser Wachstumsfaktoren aus tierischen Quellen gewonnen wurden und das Medium meist fötales Kälberserum enthielt, arbeitet die Forschung inzwischen an tierfreien Alternativen, um den Prozess ethisch unbedenklicher zu gestalten (Post et al. 2020). So stammen die Zutaten für das Nährmedium heute meist aus biotechnologischer Herstellung, wodurch eine konstante Qualität und Versorgung gewährleistet werden können.

3.4 Vom Zellgewebe zum Fleischprodukt

Nachdem die Zellen erfolgreich vermehrt und differenziert wurden, beginnt die Verarbeitung. Dabei wird Zellmasse in ein konsumfertiges Produkt umgewandelt. Dieser Schritt umfasst die Strukturierung und Formgebung, um aus den Zellen ein Fleischprodukt herzustellen, das in Textur, Aussehen und Geschmack konventionellem Fleisch ähnelt.

Für einfachere Produkte wie Hackfleisch oder Burger-Patties ist dieser Prozess relativ unkompliziert. Die Zellmasse wird gemischt, gewürzt und in die gewünschte Form gebracht.

Die Herstellung strukturierter Produkte wie Steaks oder Filets ist hingegen weitaus schwieriger und stellt eine der größten Herausforderungen in der Produktion von kultiviertem Fleisch dar. Solche Produkte erfordern eine komplexe Gewebestruktur, die die typische Maserung und Textur von echtem Fleisch nachbildet. Dies ist technisch anspruchsvoll, da die Zellen nicht nur in einer Masse wachsen, sondern sich in einer präzisen dreidimensionalen Struktur anordnen müssen.

Hierfür werden sogenannte Scaffolds verwendet. Dabei handelt es sich um Gerüste, die die Zellen bei ihrer Entwicklung unterstützen. Ein Scaffold ist eine Struktur, die den Zellen einerseits als Oberfläche für Anhaftung und Vermehrung dient und ihnen andererseits dabei hilft, sich zu organisieren und in eine dreidimensionale Gewebestruktur zu wachsen, die der des natürlichen Fleisches entspricht (Albrecht et al. 2024). Ohne diese Struktur würden die Zellen in einer ungeordneten Masse wachsen, was das gewünschte texturierte Ergebnis erschwert. Scaffolds sind somit besonders wichtig für die Entwicklung komplexer Gewebestrukturen, wie sie für Steaks oder Filets erforderlich sind.

Scaffolds können aus verschiedenen Materialien bestehen. Häufig kommen biokompatible Polysaccharide (z. B. Cellulose oder Agarose), Proteine (wie Gelatine oder Kollagen) oder auch Pilz-Mycel zum Einsatz. Diese Materialien sind so gewählt, dass sie den Zellen als „Baugerüst" dienen und gleichzeitig als Lebensmittel unbedenklich sind (Post et al. 2020).

Diese Gerüststrukturen können auf unterschiedliche Weise zur Verarbeitung der Zellen zu kultiviertem Fleisch verwendet werden. Eine Möglichkeit ist die Herstellung zellfreier poröser Scaffolds, die einem Schwamm ähneln und mit den gewünschten Zellen besiedelt werden. Die Zellen können sich darauf ausbreiten und die vorgegebene Struktur annehmen. Eine andere Möglichkeit besteht darin, die Zellen direkt in Hydrogele einzubetten. Hydrogele sind weiche, gelartige Materialien, die hauptsächlich aus Wasser bestehen. Sie fühlen sich ähnlich wie Wackelpudding an und bieten den Zellen eine feuchte, weiche Umgebung, in der sie wachsen und sich wohlfühlen – ganz ähnlich wie im Körpergewebe. Hydrogele können anpassbare Eigenschaften besitzen, sodass sie die Textur und das Wachstum der Zellen in die richtige Richtung lenken, um die gewünschte Konsistenz des Endprodukts zu erreichen (Wollschlaeger et al. 2022).

Ein besonders spannender Ansatz ist der 3D-Druck. Dabei werden Zellen ähnlich wie bei einem Tintenstrahldrucker Schicht für Schicht aufgetragen – allerdings nicht auf Papier, sondern in einem dreidimensionalen Muster. So lassen sich Strukturen erzeugen, die echte Fleischstücke wie Steaks oder Filets imitieren. Auch Fettadern und die typische Maserung lassen sich damit nachbilden (Albrecht et al. 2024).

Dank dieser Technik kann kultiviertes Fleisch nicht nur schneller hergestellt werden, sondern auch in Form, Aussehen und Biss besser an echtes Fleisch angepasst werden. Dadurch wird das Endprodukt immer ähnlicher dem, was Verbraucher*innen gewohnt sind.

Ein zentraler Punkt ist die Integration von Muskel- und Fettgewebe, die in einem Steak harmonisch miteinander verwoben sein müssen, um das richtige Mundgefühl und den Geschmack zu erzeugen. Um diese Balance zu erreichen, sind nicht nur ausgefeilte Scaffolds, sondern auch eine präzise Kontrolle über den Differenzierungs- und Reifungsprozess der Zellen erforderlich (Fish et al. 2020).

Darüber hinaus muss die Konsistenz der Steaks hohen Ansprüchen genügen. Sie müssen eine bestimmte Festigkeit, Elastizität und Saftigkeit aufweisen, um den Erwartungen der Verbraucher*innen gerecht zu werden. Die derzeitigen Technologien, wie der 3D-Druck oder Hydrogele, sind zwar vielversprechend, aber oft noch kostenintensiv und zeitaufwendig.

Zudem ist die Produktion solcher strukturierten Produkte mit hohen Kosten verbunden, was ihre Vermarktung erschwert. Derzeit ist es eine der größten Aufgaben der Forschung, diese Herausforderungen zu überwinden und die Herstellung von strukturiertem Fleisch skalierbar und erschwinglich zu machen. Steaks gelten daher als langfristiges Ziel der Industrie und als Maßstab für den technologischen Fortschritt im Bereich kultiviertes Fleisch.

Die ersten kommerziell erhältlichen kultivierten Fleischprodukte sind in der Regel sogenannte hybride Produkte, bei denen tierische Zellen mit pflanzlichen Zutaten kombiniert werden. Zu diesen Hybridprodukten zählen Burger-Patties, Würstchen oder Nuggets. Der Hauptvorteil dieser Kombination ist, dass pflanzliche Zutaten die Herstellungskosten senken und die Textur der Produkte stabilisieren können, während die kultivierten Zellen für den Geschmack und das Mundgefühl sorgen, wie man es von Fleisch erwartet.

Ein weiteres Plus von Hybridprodukten ist ihre einfachere Produktionsweise. Für diese Produkte ist keine aufwendige Gewebestruktur erforderlich, was die Herstellung beschleunigt und kostengünstiger macht. Hybride Produkte sind somit eine ideale Übergangslösung, um Verbraucher*innen an kultiviertes Fleisch heranzuführen. Sie bieten eine Kombination aus authentischem Fleischgeschmack und den Nachhaltigkeitsvorteilen pflanzlicher Inhaltsstoffe.

3.5 Qualität und Eigenschaften von kultiviertem Fleisch

Die Qualität von kultiviertem Fleisch hängt stark von der Textur, dem Geschmack und dem Nährstoffgehalt ab. Diese Eigenschaften sind eng mit dem Herstellungsprozess verbunden.

Die Textur wird maßgeblich von der Struktur der kultivierten Zellen beeinflusst. Muskelzellen, die in geordneten Faserstrukturen wachsen, verleihen dem Fleisch seine typische Festigkeit und Elastizität. Auch Fettzellen spielen eine zentrale Rolle, da sie die Textur abrunden und für die Saftigkeit des Fleisches sorgen. Der Einsatz von Scaffolds oder 3D-Druck ist hierbei entscheidend, um die gewünschte Textur und Maserung zu erreichen, die das Mundgefühl eines echten Fleischstücks simulieren (Alam et al. 2024).

Der Geschmack wird hauptsächlich durch das Fettgewebe und den Stoffwechsel der Zellen bestimmt. Während die Muskelzellen die Umami-Aromen liefern, sorgen Fettzellen für den typischen Fleischgeschmack, da sie aromatische Verbindungen speichern. Darüber hinaus kann der Geschmack durch die Zugabe natürlicher Aromastoffe oder spezieller Nährstoffe zum Zellkulturmedium gezielt angepasst werden (Post und Hocquette 2017).

Hinsichtlich des Nährstoffgehalts bietet kultiviertes Fleisch eine besondere Flexibilität. Durch Anpassungen im Nährmedium können die Gehalte an Vitaminen, Mineralien, Proteinen und Fetten gezielt beeinflusst werden. So lässt sich beispielsweise der Anteil an ungesättigten Fettsäuren erhöhen, um gesünderes Fleisch zu produzieren. Diese Möglichkeit, die Nährstoffe präzise zu steuern, ist ein großer Vorteil gegenüber konventionellem Fleisch.

Ein weiterer Vorteil von kultiviertem Fleisch ist seine Sicherheit. Da bei der Herstellung der Kontakt zu Tieren auf ein Minimum reduziert wird, wird das Risiko der Übertragung von zoonotischen Krankheitserregern von Tieren auf den Menschen, wie etwa Vogelgrippe oder der „Rinderwahn" (BSE), minimiert. Dies hat direkte Auswirkungen auf die öffentliche Gesundheit. Da der Herstellungsprozess in einer sterilen

Umgebung, wie einem Bioreaktor, stattfindet, können die Zellen geschützt und frei von Krankheitserregern kultiviert werden. Dies unterscheidet kultiviertes Fleisch grundlegend von der konventionellen Tierhaltung. In dicht gedrängten Tierbeständen treten häufig Krankheiten auf, die sich negativ auf das Wohlergehen der Tiere und die Fleischqualität auswirken. Im ungünstigsten Fall können sie auch auf den Menschen übertragen werden. Um dies zu vermeiden, werden häufig Antibiotika eingesetzt. Der übermäßige Einsatz von Antibiotika ist jedoch mit gesundheitlichen Problemen verbunden. Die sterile Herstellung von kultiviertem Fleisch erlaubt es hingegen, auf den Einsatz von Antibiotika zu verzichten. Dadurch wird nicht nur die Lebensmittelsicherheit erhöht, sondern auch das Risiko der Entwicklung von Antibiotikaresistenzen verringert.

Da kultiviertes Fleisch unter sterilen Bedingungen produziert wird, kann sich der Herstellungsprozess auch positiv auf die Haltbarkeit auswirken. Es ist weniger anfällig für mikrobielle Verunreinigungen. Dadurch ist es prinzipiell möglich, weniger Konservierungsstoffe zu verwenden, was wiederum unnötigem Lebensmittelabfall vorbeuge kann.

3.6 Zeitliche und wirtschaftliche Aspekte

Die Wirtschaftlichkeit von kultiviertem Fleisch hängt maßgeblich von der Effizienz des Prozesses ab. Hier spielen die Erntemengen, die Produktionsdauer, die Produktionskosten und die Skalierbarkeit eine große Rolle.

Die Möglichkeit, aus einer einzigen Zelle durch Vermehrung eine hohe Zellmasse zu generieren, ist ein zentraler Vorteil von kultiviertem Fleisch. Diese Zellen können eingefroren und bei Bedarf erneut kultiviert werden, sodass keine weiteren Zellen einem Tier entnommen werden müssen. Somit lässt sich aus einer einmaligen Zellentnahme theoretisch eine große Menge kultiviertes Fleisch herstellen. Die tatsächliche Erntemenge hängt jedoch von der Effizienz des Wachstumsprozesses sowie von der Größe der eingesetzten Bioreaktoren ab. Während große industrielle Anlagen mit Hochleistungsbioreaktoren höhere Mengen kultivieren könnten, könnten kleinere Systeme dezentral bzw. vor Ort für spezialisierte Produkte genutzt werden. Der Transfer des Prozesses vom Labormaßstab in industrielle Größenordnungen ist jedoch komplex und derzeit ein zentraler Forschungsschwerpunkt (Chen et al. 2022).

Während kleine Mengen kultivierten Fleisches bereits erfolgreich produziert werden können, ist die Herstellung größerer Mengen für den Massenmarkt noch eine Herausforderung. Für eine breite Kommerzialisierung sind große Bioreaktoren mit einer Kapazität von mehreren Tausend Litern erforderlich, um eine kosteneffiziente Produktion zu ermöglichen. Dabei müssen die verwendeten Zellen zudem in hohen Dichten über einen langen Zeitraum hinweg stabil und schnell wachsen.

Ein weiterer Aspekt ist die Integration von automatisierten Produktionssystemen, die den Herstellungsprozess beschleunigen und die Kosten weiter reduzieren könnten. Wenn es gelingt, die Technologien weiterzuentwickeln und die Produktion im großen Maßstab effizient zu gestalten, könnte kultiviertes Fleisch in Zukunft zu einem erschwinglichen Produkt werden. Langfristig besteht das Potenzial, damit auch größere Teile der Weltbevölkerung zu versorgen. Bis dahin sind jedoch noch viele technische, wirtschaftliche und regulatorische Hürden zu überwinden.

Die Dauer des Produktionsprozesses für kultiviertes Fleisch hängt von verschiedenen Faktoren ab, darunter die Art der Zellen, die verwendeten Technologien und die gewünschte Menge. Der Prozess beginnt mit der Entnahme und Isolation von Zellen. Vom ersten Wachstum bis zur „Ernte" des fertigen Gewebes vergehen in der Regel mehrere Wochen.

Die Zellproliferation, also die Vermehrung der Zellen, dauert in der Regel zwischen sieben und 14 Tagen, abhängig davon, wie gut die Zellen die Nährstoffe und Wachstumsfaktoren aufnehmen und verwerten können. Die anschließende Differenzierung, bei der sich die Zellen zu Muskel- oder Fettgewebe entwickeln, benötigt ebenfalls rund eine bis zwei Wochen. Damit liegt die Gesamtdauer für ein typisches kultiviertes Produkt wie Hackfleisch oder Burger-Patties bei etwa zwei bis fünf Wochen. Für strukturierte Produkte wie Steaks, die komplexere Gewebestrukturen erfordern, kann der Prozess länger dauern, da zusätzlich Zeit für die Ausreifung und Formgebung benötigt wird. Die Forschung arbeitet intensiv daran, die Produktionszeit durch verbesserte Technologien und optimierte Wachstumsbedingungen zu verkürzen.

Derzeit sind die Produktionskosten für kultiviertes Fleisch noch relativ hoch, da sich die zugrunde liegenden Technologien und Prozesse noch in der Entwicklung befinden. Die Herstellung eines Kilogramms kultivierten Fleisches kostet aktuell je nach Hersteller und Verfahren 20 bis 500 US$, wobei die Preise in den letzten Jahren stark gesunken sind (Humbird 2021). In den frühen Entwicklungsphasen kostete der erste kultivierte Burger im Jahr 2013 noch 250.000 €.

Ein Großteil der Kosten entfällt auf das Nährmedium, insbesondere die Wachstumsfaktoren, die derzeit noch teuer in der Herstellung sind (Humbird 2021). Mit der Entwicklung effizienterer, tierfreier Nährmedien und einer Verbesserung der Bioreaktortechnologie wird erwartet, dass die Produktionskosten in den nächsten Jahren deutlich sinken. Ziel der Industrie ist es, den Preis pro Kilogramm Fleisch auf unter 10 US$ zu senken, um mit konventionellem Fleisch konkurrieren zu können.

3.7 Quo vadis, kultiviertes Fleisch?

Die technologische Basis für die Produktion von kultiviertem Fleisch hat sich in den letzten Jahren stark weiterentwickelt. Heute sind alle wesentlichen Schritte – von der Zellentnahme über die Vermehrung und Differenzierung bis hin zur Verarbeitung – grundsätzlich etabliert. Dennoch gibt es weiterhin Herausforderungen, die gelöst werden müssen, um eine großtechnische und wirtschaftliche Produktion zu ermöglichen.

Ein entscheidender Punkt ist die Effizienz der Zellvermehrung und -differenzierung. Während im kleineren Maßstab bereits stabile Zellkulturen erzeugt werden können, ist die Skalierung auf industrielle Mengen noch mit technischen und wirtschaftlichen Hürden verbunden. Ein zentrales Forschungsfeld ist daher die Entwicklung leistungsfähiger Bioreaktoren, die eine kontinuierliche und kostengünstige Zellvermehrung ermöglichen. Ebenso müssen Nährmedien weiter optimiert werden – vor allem durch den Verzicht auf teure Wachstumsfaktoren tierischen Ursprungs.

Ein weiteres Thema ist die Strukturierung der Zellmasse, die insbesondere für die Herstellung anspruchsvollerer Fleischprodukte wie Steaks oder Filets von Bedeutung ist. Während für Hackfleisch oder Burger-Patties vergleichsweise einfache Verfahren ausreichen, erfordert die Nachbildung komplexer Gewebestrukturen den Einsatz von Scaffolds, Microcarriern oder 3D-Druck-Technologien. In diesem Bereich besteht weiterhin Forschungsbedarf, um stabile, skalierbare und wirtschaftliche Lösungen zu entwickeln.

In naher Zukunft sind in mehreren Bereichen weitere Fortschritte zu erwarten: neue, effizientere Zelllinien, die für ein schnelleres Zellwachstum sorgen, verbesserte, tierfreie Nährmedien, die sowohl ethische als auch wirtschaftliche Vorteile bieten, und fortschrittliche Bioreaktor-Designs, die es erlauben, die Produktion auf ein deutlich höheres Volumen zu bringen. Es ist zu erwarten, dass die Herstellung von kultiviertem Fleisch weiter an Fahrt aufnehmen und sich schrittweise vom Prototypenstadium zu einem reifen Industrieprozess entwickeln wird. Langfristig ist dabei insbesondere die Schaffung großtechnischer, automatisierter Anlagen entscheidend, um die Verfügbarkeit kontinuierlich zu steigern und die Produktionskosten entsprechend zu senken.

Literatur

Alam AN, Kim CJ, Kim SH et al (2024) Trends in hybrid cultured meat manufacturing technology to improve sensory characteristics. Food Sci Anim Resour 44(1):39–50. https://doi.org/10.5851/kosfa.2023.e76

Albrecht FB, Ahlfeld T, Klatt A et al (2024) Biofabrication's contribution to the evolution of cultured meat. Adv Healthc Mater 13(13):e2304058. https://doi.org/10.1002/adhm.202304058

Chen L, Guttieres D, Koenigsberg A et al (2022) Large-scale cultured meat production: rends, challenges and promising biomanufacturing technologies. Biomaterials 280:121274. https://doi.org/10.1016/j.biomaterials.2021.121274

Fish KD, Rubio NR, Stout AJ et al (2020) Prospects and challenges for cell-cultured fat as a novel food ingredient. Trends Food Sci Tech 98:53–67. https://doi.org/10.1016/j.tifs.2020.02.005

Humbird D (2021) Scale-up economics for cultured meat. Biotechnol Bioeng 118(8):3239–3250. https://doi.org/10.1002/bit.27848

Klatt A, Wollschlaeger JO, Albrecht FB et al (2024) Dynamically cultured, differentiated bovine adipose-derived stem cell spheroids as building blocks for biofabricating cultured fat. Nat Commun 15(1):9107. https://doi.org/10.1038/s41467-024-53486-w

Martins B, Bister A, Dohmen RGJ et al (2024) Advances and challenges in cell biology for cultured meat. Annu Rev Anim Biosci 12:345–368. https://doi.org/10.1146/annurev-animal-021022-055132

Melzener L, Verzijden KE, Buijs AJ et al (2021) Cultured beef: from small biopsy to substantial quantity. J Sci Food Agric 101(1):7–14. https://doi.org/10.1002/jsfa.10663

Post MJ, Hocquette JF (2017) New sources of animal proteins: cultured meat. In: Purslow PP (Hrsg) New aspects of meat quality. Elsevier, S 425–441

Post MJ (2012) Cultured meat from stem cells: challenges and prospects. Meat Sci 92(3):297–301. https://doi.org/10.1016/j.meatsci.2012.04.008

Post MJ, Levenberg S, Kaplan DL et al (2020) Scientific, sustainability and regulatory challenges of cultured meat. Nat Food 1(7):403–415. https://doi.org/10.1038/s43016-020-0112-z

Sinke P, Swartz E, Sanctorum H et al (2023) Ex-ante life cycle assessment of commercial-scale cultivated meat production in 2030. Int J Life Cycle Assess 28(3):234–254. https://doi.org/10.1007/s11367-022-02128-8

Stout AJ, Kaplan DL, Flack JE (2023) Cultured meat: creative solutions for a cell biological problem. Trends Cell Biol 33(1):1–4. https://doi.org/10.1016/j.tcb.2022.10.002

Wollschlaeger JO, Maatz R, Albrecht FB et al (2022) Scaffolds for cultured meat on the basis of polysaccharide hydrogels enriched with plant-based proteins. Gels 8(2):94. https://doi.org/10.3390/gels8020094

Nährmedien: Futter für die Zellen

4

Monika Röntgen und Jianan Fu

Zusammenfassung

Kultiviertes Fleisch wird aus tierischen Zellen gezüchtet. Damit diese außerhalb des Körpers überleben, wachsen und sich zu Muskelfasern und Fett differenzieren können, benötigen sie ein Nährmedium. Grundlage dafür ist eine Salzlösung, die neben Nährstoffen, Spurenelementen und Vitaminen auch Hormone und Wachstumsfaktoren enthält, die Zellfunktionen, wie z. B. die Vermehrung, steuern. Bisher werden Nährmedien vorwiegend in der Forschung und in der Pharmaindustrie eingesetzt. Deshalb wird daran gearbeitet, sie für die Mengenherstellung des Lebensmittels kultiviertes Fleisch anzupassen und kostengünstiger zu machen. Ein wichtiger Aspekt dabei ist, Alternativen für tierische Seren, insbesondere für fetales Kälberserum (FKS), sowie neue Protein- bzw. Aminosäurequellen wie pflanzenbasierte Hydrolysate und Extrakte oder Mikroalgen zu erforschen. Über das Nährmedium können auch die sensorischen Eigenschaften (z. B. Geschmack, Farbe) und die Qualität (z. B. Gehalt an ungesättigten Fettsäuren) von kultiviertem Fleisch positiv beeinflusst sowie gesundheitsförderliche Wirkungen erzielt werden.

M. Röntgen (✉)
Forschungsinstitut für Nutztierbiologie (FBN), Dummerstorf, Deutschland
E-Mail: roentgen@fbn-dummerstorf.de

J. Fu
Jianan Fu Consulting, München, Deutschland
E-Mail: fridaybiotech@gmail.com

N. Lin-Hi und I. Blumberg (Hrsg.), *Kultiviertes Fleisch,* SDG – Forschung, Konzepte, Lösungsansätze zur Nachhaltigkeit, https://doi.org/10.1007/978-3-662-73361-5_4

4.1 Einführung in Zellkulturen und Nährmedien

Unter einer Zellkultur wird die Kultivierung einer Zellpopulation außerhalb des Organismus *(„in vitro")* unter kontrollierten Bedingungen und in einem geeigneten Nährmedium verstanden. Bisher werden Zellkulturen insbesondere in den Bereichen der Grundlagen- und biomedizinischen Forschung sowie in der biopharmazeutischen Produktion, beispielsweise von Antikörpern, eingesetzt.

Die zur Kultivierung tierischer Zellen notwendigen Nährmedien sind Lösungen, die alle für das Wachstum sowie die Vermehrung (Zunahme der Zellzahl) und die Differenzierung (z. B. Bildung von Muskelfasern und Fett) der Zellen notwendigen Komponenten bereitstellen. Im Wesentlichen sind dies Kohlenhydrate, Aminosäuren, Proteine, Lipide, Fettsäuren, anorganische Salze, Spurenelemente und Vitamine. Um die Funktionalität der Zellen sicherzustellen, sind in Abhängigkeit vom Zelltyp weitere Substanzen und Signalmoleküle, wie Hormone und Wachstumsfaktoren, notwendig. Diese werden traditionell durch die Zugabe von tierischen Seren, insbesondere von fetalem Kälberserum (FKS), zugeführt (Yao und Asayama 2017). Wenn Primärzellen (Zellen, die frisch aus Geweben gewonnen wurden) in Kultur genommen werden, ist zur Erreichung steriler Zellkulturen vorübergehend die Zugabe von Antibiotika nötig.

Innerhalb eines Organismus regulieren zahlreiche Regelkreise die Konzentration von Metaboliten (Zwischenstufen oder Abbauprodukte von Stoffwechselvorgängen). Ebenso halten diese den pH-Wert und die Osmolalität (die Konzentration aller gelösten Teilchen pro kg Lösungsmittel) des Blutes in engen Grenzen – unter anderem, um den Verlust bzw. den Einstrom von Flüssigkeiten z. B. in Blutgefäße oder Zellen zu verhindern. Außerhalb des Organismus *(in vitro)* fehlen solche natürlichen Kontrollsysteme, sodass dies durch die Medienzusammensetzung und externe Kontrollen gewährleistet werden muss. Der normale pH-Wert (7,2–7,4) wird primär durch das Bicarbonat/CO_2-Puffersystem aufrechterhalten. Das benötigte Bicarbonat ist vom CO_2-Partialdruck im Inkubator abhängig und wird im Nährmedium bereitgestellt; im Allgemeinen 1,2 g/L bis 2,2 g/L Natriumbikarbonat bei 5 % CO_2. Zusätzlich werden in vielen Nährmedien Phosphat- und HEPES-Puffer eingesetzt, um den pH-Wert zu stabilisieren.

Fundamental für das Überleben kultivierter Zellen ist die osmotische Balance (Konzentrationsgleichgewicht der gelösten Stoffe in und außerhalb der Zelle; verhindert, dass Zellen schrumpfen oder anschwellen/platzen), für deren Erhaltung die Zusammensetzung und Menge anorganischer Salze und von Proteinkomponenten im Medium eine wesentliche Rolle spielen. Die Osmolalität wird typischerweise in einem engen Bereich von 260–320 mOsm/kg gehalten (Arora 2013). Abweichungen, beispielsweise durch die Zugabe von Supplementen wie Serum, können das Zellwachstum negativ beeinflussen.

Ebenso entstehen während der Kultivierung von Zellen Stoffwechselprodukte, deren Anreicherung schädlich ist. Zum Erhalt optimaler Wachstumsbedingungen muss daher in Zellkulturen das Nährmedium in regelmäßigen Abständen komplett oder teilweise ausgetauscht werden.

Die bisher kommerziell verfügbaren Nährmedien werden überwiegend in der Forschung und in der Pharmaindustrie eingesetzt. Sie sind daher, insbesondere hinsichtlich der Kosten, nicht für die Mengenproduktion von kultiviertem Fleisch geeignet. Mit einem Kostenanteil von 55–90 % an den gesamten Produktionskosten ist das Nährmedium ein entscheidender ökonomischer Faktor (Specht 2020). Die Entwicklung und Optimierung geeigneter Nährmedien, auch unter dem Aspekt der Beeinflussung sensorischer und ernährungsphysiologischer Eigenschaften von Produkten, ist deshalb eine der zentralen Herausforderungen für eine erfolgreiche großmaßstäbliche Herstellung von kultiviertem Fleisch. Die Komplexität dieser Aufgabe wird durch die Notwendigkeit unterstrichen, mehr als 50 verschiedene Komponenten präzise aufeinander abzustimmen, um eine optimale zelltypspezifische Anpassung der Zusammensetzung des Nährmediums zu erreichen. Im Folgenden wird detaillierter auf essenzielle Bestandteile von Nährmedien sowie deren Rolle eingegangen.

4.2 Nährmedienkomponenten

4.2.1 Klassische Komponenten von Basalmedien

Primäre Energie- und Kohlenstoffquellen Die Bereitstellung adäquater Energiequellen bildet das Fundament eines jeden Nährmediums. Eine Schlüsselposition nimmt Glukose ein, da sie als Ausgangssubstrat der Glykolyse entscheidend an der mitochondrialen ATP-Bildung sowie am Aufbau von Biomolekülen, wie Nukleotiden, Aminosäuren und Fettsäuren beteiligt ist. Der Glukoseverbrauch hängt stark vom jeweiligen Zelltyp und dessen Proliferationsstatus ab.

Stickstoffquellen, Aminosäuren und Proteinmetabolismus Alle Nährmedien enthalten die zehn essenziellen Aminosäuren und zusätzlich Cystein, Tyrosin und L-Glutamin. In einigen Formulierungen sind darüber hinaus nicht-essenzielle Aminosäuren (Alanin, Asparagin, Aspartat, Glycin, Glutamat, Prolin und Serin) enthalten, um die metabolische Belastung der Zellen zu reduzieren und somit die Zellvermehrung zu steigern. Aminosäuren, insbesondere L-Glutamin, sind wichtige Stickstoffquellen und somit für den Aufbau von Proteinen und Nukleotiden von Bedeutung. L-Glutamin gilt aufgrund seiner allgemeinen Rolle im Stoffwechsel, etwa als sekundäre Energiequelle und bezüglich der Lieferung von Reduktionsäquivalenten (Nicotinamid-Adenin-Dinukleotid (NAD) und Nicotinsäureamid-Adenin-Dinukleotid-Phosphat (NADPH)), für Zellkulturen als essenziell. Die in Nährmedien vorhandenen L-Glutamin-Konzentrationen variieren dabei erheblich und liegen zwischen 0,68 mM bis 4 mM L-Glutamin (Arora 2013).

Bei der Verstoffwechselung von Glukose und L-Glutamin entstehen die metabolischen Endprodukte Laktat und Ammoniak. Eine Anreicherung dieser Stoffe führt zu einer Erniedrigung des Zellwachstums, wodurch die Effizienz der Zellkultur sinkt und mehr

Medienwechsel nötig werden, sodass sich die Kosten erhöhen. Daher werden alternative Kohlenstoff- (z. B. Galactose) und L-Glutamin-Quellen (z. B. L-Alanin-L-Glutamin) eingesetzt, die langsamer verstoffwechselt werden bzw. stabiler sind (Arora 2013). Ammoniak kann bereits in niedrigen Konzentrationen die Lebensfähigkeit von Zellen reduzieren und ist somit gefährlicher als ein L-Glutamin-Mangel.

Lipidversorgung und Membrankomponenten Essenzielle Fettsäuren, insbesondere langkettige ungesättigte Fettsäuren wie Linolsäure und α-Linolensäure, sind für die Membranbildung und Signaltransduktion von entscheidender Bedeutung. Cholesterol, als wichtiger Membranbestandteil, wird häufig in Form von Albumin-gebundenen Lipidkomplexen bereitgestellt. Die Lipidkomposition beeinflusst direkt die Membranfluidität, also die Möglichkeit seitlicher (lateraler) Bewegungen von Phospholipiden und Proteinen in der Zellmembran, und damit auch, wie flüssig oder fest sie ist. Gesättigte Fettsäuren senken die Fluidität und Durchlässigkeit der Membran, während ungesättigte Fettsäuren sie erhöhen. Daher können zelluläre Funktionen wie der Transport von Ionen und Nährstoffen, die Interaktion von extrazellulären Signalmolekülen mit Membranrezeptoren oder Zell-Zell-Kontakte durch die Fettsäuren im Medium beeinflusst werden (Uauy et al. 2000).

Ionische Komponenten und Salze Anorganische Salze spielen eine duale Rolle: Sie regulieren neben dem osmotischen Gleichgewicht auch das Membranpotential der Zellen durch die präzise Bereitstellung von Natrium-, Kalium-, Calcium-, Chlorid- und Dihydrogenphosphat-Ionen. Die Bedeutung der osmotischen Balance wird durch Studien unterstrichen, die eine direkte Korrelation zwischen erhöhter Osmolalität und reduzierter Wachstumsrate nachweisen (Hashizume et al. 2023).

Spurenelemente und Metallionen Im komplexen Netzwerk zellulärer Stoffwechselprozesse nehmen Spurenelemente eine unverzichtbare Position ein. Eisen, das durch Transferrin transportiert wird, ist essenziell für den Energiestoffwechsel. Zink fungiert als kritischer Cofaktor für über 300 Enzyme, während Selen eine Schlüsselrolle in antioxidativen Enzymsystemen spielt (Yao & Asayama 2017). Aktuelle Forschungen mit humanen mesenchymalen Stammzellen zeigen, dass mit Magnesium und Zink angereicherte Medien eine signifikante Verbesserung der Zelllebensfähigkeit und Proliferation bewirken (Nikolits et al. 2021).

Vitamine und Cofaktoren Die Familie der B-Vitamine nimmt eine zentrale Stellung im zellulären Stoffwechsel ein. Biotin, als Cofaktor von vier essenziellen Carboxylasen, ist unerlässlich für Gluconeogenese, Fettsäuresynthese und den Aminosäureabbau. Thiamin ist von entscheidender Bedeutung für den Energiestoffwechsel, wobei seine Wirksamkeit von adäquaten Magnesiumspiegeln abhängt (Yao & Asayama 2017).

Antioxidantien und Schutzfaktoren Ein ausgeklügeltes System aus Antioxidantien schützt die Zellen vor oxidativem Stress. α-Tocopherol wirkt dabei auf zwei Ebenen: Einerseits hemmt es die Proteinkinase C, andererseits schützt es vor Lipidperoxidation. Ascorbinsäure fängt toxische Sauerstoffradikale wie Superoxid, Wasserstoffperoxid und Hydroxylradikale ab. Glutathion und seine Vorstufen spielen eine wichtige Rolle bei der Aufrechterhaltung des intrazellulären Redoxstatus, d. h. der Erhaltung des Gleichgewichts zwischen reduzierenden und oxidierenden Molekülen in den Zellen (Yao & Asayama 2017).

Wachstumsfaktoren und Hormone als Schlüsselregulatoren Wachstumsfaktoren wie der Insulin-like Growth Factor (IGF-1), der Fibroblast Growth Factor (FGF), der Platelet-Derived Growth Factor und der Transforming Growth Factor-β (TGF-β) sind essenziell für die Zellproliferation und -differenzierung. Die optimale Konzentration und zeitliche Abstimmung ihrer Zugabe ist von entscheidender Bedeutung für die Entwicklung der Zellen (Schenzle et al. 2022; Ahmad et al. 2023). Insulin wird eingesetzt, um die Glukoseaufnahme und den anabolen Stoffwechsel zu fördern.

Im Laufe der Zeit wurden sogenannte Basalmedien entwickelt, die für viele Zelltypen und Kulturprotokolle geeignet und kommerziell verfügbar sind. Häufig eingesetzte Basalmedien sind Eagle's Minimal Essential Medium (MEM), Dulbecco's Modified Eagle Medium (DMEM) und Ham's F-12 (Yao & Asayama 2017).

4.2.2 Rolle von fetalem Kälberserum (FKS) und FKS-Alternativen

In Standardzellkulturen sind tierische Seren, insbesondere FKS, ein wesentlicher Bestandteil von Nährmedien, da sie eine für viele Zellen geeignete, optimale Quelle von Makromolekülen, Spurenelementen und Mineralstoffen, Bindungsproteinen und Anheftungsfaktoren, Puffer- und Neutralisierungssystemen, niedermolekularen Stoffen sowie essentiellen Hormonen und Wachstumsfaktoren bieten. Insgesamt besteht FKS aus 200–400 verschiedenen Komponenten in einer unbekannten Zusammensetzung und Konzentration (Post et al. 2020).

Zur Herstellung des FKS werden trächtige Kühe getötet. Deren Gebärmutter wird entnommen und der Fötus daraus herausoperiert. Der Blutentzug erfolgt durch Punktion des Herzens, wobei nicht ausgeschlossen werden kann, dass die Föten noch leben und daher Stress und Schmerz erleiden. Neben der unethischen Art der Gewinnung sprechen weitere Fakten gegen den Einsatz von FKS (Stout et al. 2022a):

- Es stellt eine Kontaminationsquelle für Mikroorganismen wie Bakterien, Mycoplasmen oder Viren dar und kann Umweltgifte sowie bakterielle Toxine (Endotoxine) enthalten.
- Aufgrund der undefinierbaren Zusammensetzung ist keine Standardisierung möglich.

- Herkunft, Futter, Rasse und Umweltbedingungen der Spendertiere beeinflussen die Qualität.
- FKS ist teuer: Etwa 60 bis 70 % der Medienkosten entfallen darauf.

Es ist deshalb klar abzulehnen, FKS dauerhaft bei der Erzeugung von kultiviertem Fleisch einzusetzen, weshalb Alternativen unerlässlich sind.

Grundsätzliche Möglichkeiten zum Ersatz von FKS

Das aus mit Thrombozyten angereichertem Blutplasma hergestellte Thrombozyten-Lysat (TL) enthält große Mengen an Wachstumsfaktoren und kann daher auch im Bereich des kultivierten Fleisches als Ersatz für FKS dienen. Ein Vorteil gegenüber anderen Alternativen ist die bessere Nachbildung der natürlichen, speziesabhängigen Bedingungen. TL ist insbesondere für multipotente mesenchymale Stammzellen geeignet, bei denen sehr gute Ergebnisse hinsichtlich Proliferation, Lebensfähigkeit und Differenzierung erzielt wurden (Dessels et al. 2016).

Eine weitere Alternative besteht darin, für das Wachstum essentielle Serumbestandteile wie Hormone oder Wachstumsfaktoren in gereinigter Form oder als rekombinante Produkte einem chemisch definierten Medium (d. h. alle Komponenten sind bekannt) hinzuzufügen. Synthetisch hergestellte Supplemente haben eine bessere Qualität und konstantere Wirkeffekte. Serumfreien Medien muss humanes oder bovines Serumprotein (HSA, BSA) zugesetzt werden, um die Wachstumsfaktoren zu stabilisieren.

FKS-freie Medien und Medienoptimierung für die Produktion von kultiviertem Fleisch

Für die Erzeugung von kultiviertem Fleisch müssen Nährmedien entwickelt werden, die lebensmittelgeeignet, frei von tierischen Bestandteilen und kostengünstig sind. Oft werden Ableitungen klassischer, kommerziell verfügbarer Medien, wie das Essential 8 Medium (E8; Kosten etwa 390 €/L), genutzt und für die jeweilige Tierart, den Zelltyp und die Produktionsphase optimiert.

E8 und seine Modifikation, das B8-Medium, enthalten keine tierischen Komponenten, die Schwankungen in der Medienqualität bedingen könnten, und sind für die Langzeitkultur von Stammzellen geeignet. Im Unterschied zu anderen Medien ist ihre Zusammensetzung relativ simpel und vollständig bekannt. Basis ist DMEM/F12, angereichert mit Natriumbikarbonat, Ascorbinsäure-2-Phosphat, ITS (eine Kombination aus Insulin, Transferrin und Selen) und Wachstumsfaktoren (Kuo et al. 2020). Beide Medien wurden genutzt, um FKS- bzw. serumfreie Medien für die Vermehrung primärer Rindermyoblasten (Vorläuferzellen, aus denen Skelettmuskelfasern entstehen) zu entwickeln und zu optimieren. Während Zelladhäsion und Zellausbeute zunächst deutlich unter denen der serumhaltigen Variante (DMEM mit 20 % FKS und 10 % Pferdeserum) lagen (Kolkmann et al. 2020), konnten durch den Zusatz verschiedener Wachstumsfaktoren und Myokine (hormonähnliche Botenstoffe aus Muskelzellen) sowie durch eine verbesserte Stabilisierung der Wachstumsfaktoren große

Fortschritte hinsichtlich der Proliferationsfähigkeit bei niedrigeren Kosten erzielt werden (Schenzle et al. 2022).

4.2.3 Alternative Medienkomponenten: Eine Analyse aktueller Entwicklungen

Die Suche nach alternativen Medienkomponenten wird durch zwei Hauptfaktoren getrieben: die Notwendigkeit, Kosten zu reduzieren, und das Streben nach besser definierten, nachhaltigeren Inhaltsstoffen. Aktuelle Entwicklungen zeigen in diesem Bereich vielversprechende Ansätze.

Im Bereich der Proteinquellen und Hydrolysate gewinnen insbesondere pflanzliche Alternativen zunehmend an Bedeutung. So wurde beispielsweise im Beefy-R-Medium von Stout et al. (2022b) Serumalbumin durch ein Proteinisolat aus Rapssamen, einem Beiprodukt der Ölproduktion, ersetzt. Neue Forschungen zeigen, dass Proteine aus Pflanzen wie Soja und Erbsen durch Hydrolyseprozesse in kleinere, besser verdauliche Peptide aufgespalten werden können (Pulidindi & Ahuja 2024).

Parallel dazu schreitet die Entwicklung von Technologien zur Herstellung rekombinanter Proteine und Wachstumsfaktoren voran. Neue biotechnologische Produktionsplattformen ermöglichen die Herstellung essenzieller Proteine in alternativen Expressionssystemen. Pflanzliche Systeme, insbesondere Chloroplasten, haben sich dabei als vorteilhaft für die Produktion von humanen Proteinen erwiesen, da sie kostengünstig sind und weniger Nebenwirkungen aufweisen als andere Systeme. Die erfolgreiche Expression von insulinähnlichen Wachstumsfaktoren in transgenen Pflanzen wurde bereits nachgewiesen (Ahmadabadi 2021).

Auch die Nutzung von Pflanzenextrakten und Mikroalgen ist vielversprechend. Komplexe Pflanzenextrakte liefern wichtige bioaktive Substanzen, während Mikroalgen wie Chlorella und Spirulina ein breites Spektrum an essenziellen Aminosäuren, mehrfach ungesättigten Fettsäuren, Vitaminen und Spurenelementen bereitstellen (Yamanaka et al. 2023).

Die erfolgreiche Integration dieser alternativen Komponenten in Medienformulierungen erfordert eine sorgfältige Evaluation ihrer Wirkung auf das Zellwachstum und die Zellvitalität. Dabei stehen insbesondere die Reproduzierbarkeit der Zusammensetzung und die Stabilität während der Lagerung im Fokus.

4.2.4 Neue Erkenntnisse zum Zusammenspiel der Medienkomponenten

Neueste Forschungsansätze betrachten Nährmedien als dynamische Interaktionsräume mit komplexen Stoffwechselnetzwerken. Die Zellen „programmieren“ dabei ihr Umfeld aktiv mit, indem sie Metaboliten ausscheiden, die wiederum das Verhalten benachbarter Zellen beeinflussen (Ma et al. 2024). Diese bidirektionale Interaktion zwischen Zellen und Medium erfordert ein tiefgreifendes Verständnis der zeitlichen Dynamik der Nährstoffaufnahme.

Besonders interessant ist die Erkenntnis, dass die zelluläre Stoffwechselaktivität nicht linear mit der Nährstoffverfügbarkeit korreliert. Metabolomics-Studien zeigen, dass erhöhte Konzentrationen verzweigtkettiger Aminosäuren zu mitochondrialer Dysfunktionalität führen, indem sie deren Biogenese, die ATP-Produktion und verschiedene Stoffwechselwege beeinträchtigen (Ye et al. 2020). Solche Erkenntnisse ermöglichen eine genauere Abstimmung der Medienkomposition.

4.3 Wie viel Nährmedium wird für ein Kilogramm kultiviertes Fleisch benötigt?

Die Quantifizierung des Nährmedienverbrauchs und der damit verbundenen Kosten wird maßgeblich durch das Design und die Prozessführung (z. B. Batch- oder kontinuierliche Prozesse im Bioreaktor) bestimmt und erfordert eine systematische Analyse verschiedener Prozessparameter. Eine wegweisende Studie des Good Food Institute etablierte im Jahr 2020 grundlegende Berechnungsmodelle für diese komplexe Aufgabe (Specht 2020).

Im Modellprozess wird von einem maximalen Produktionsvolumen von 20.000 Litern (Zellvermehrung) ausgegangen. Unter der Annahme einer Zelleinsaat von 2×10^5 Zellen/ml und einer Proliferationskapazität von 24 Verdopplungen resultiert am Ende der Vermehrungsphase (30 Tage) eine maximale Zelldichte von 4 × 10^7 Zellen/ml. Die Zellen werden anschließend auf einem Scaffold ausgesät und durchlaufen einen Reifungsschritt (Reaktorvolumen 8000 L, Dauer 10 Tage). Nach dieser Modellierung ergab sich pro Batch eine Produktionsausbeute von 3524 kg Fleisch.

Die Medienkosten wurden für das kommerziell verfügbare E8-Medium berechnet, das bereits vorgestellt wurde und unter Nutzung kommerziell verfügbarer Substrate leicht hergestellt werden kann. Ohne Optimierungen der Medienkosten entstehen pro Liter E8 Kosten von 376,80 US$ (pro Batch mit 20.000 L: 7.535.958 US$). Im Modell wurden drei Verbrauchsszenarien untersucht:

- A: Minimalszenario: 20.000 L/Batch (ein Reaktorvolumen)
- B: Maximalszenario: 140.000 L/Batch (kompletter Medienwechsel alle 2 Tage)

- C: Realistisches Szenario: 80.000 L/Batch (mit alternierendem partiellem Medienrecycling).

In diesen Verbrauchsszenarien ergeben sich für die Herstellung von einem Kilogramm kultiviertem Fleisch folgende Bedarfe an Nährmedien und Medienkosten:

Szenario	Medienbedarf/1 kg (L)	Kosten/1 kg (US-Dollar)
A	5,7	2148
B	39,7	14.959
C	22,7	8553

Laut dieser Studie könnten die Kosten im realistischen Szenario (C) durch Optimierungsmaßnahmen, wie die Reduktion der Wachstumsfaktorkonzentrationen, den Ersatz teurer Pufferkomponenten (HEPES) oder die Eigenherstellung des Basalmediums mit preiswerteren und in Großmengen eingekauften Rohstoffen, bis auf 5,49 US$/kg reduziert werden. Auch der Einsatz von gegenüber rekombinantem (d. h. künstlich mithilfe von gentechnisch veränderten Mikroorganismen oder in Zellkulturen hergestellt) HSA (32.649 €/kg) preiswerteren Stabilisatoren wie DL-Alanin (60 €/kg) und Methylzellulose (315 €/kg) kann deutlich zur Kostenoptimierung beitragen.

4.4 Einfluss von Nährmedien auf Qualität und Geschmack von kultiviertem Fleisch

Damit kultiviertes Fleisch von Konsument*innen akzeptiert wird, ist eine hohe Ähnlichkeit zum konventionellen Produkt von Bedeutung. Dabei spielen insbesondere die sensorischen Eigenschaften wie Geschmack, Struktur und Farbe sowie ernährungsphysiologische Faktoren eine Rolle. Im Fleisch werden erstere unter anderem durch den Gehalt und die Art der Proteine, das Vorhandensein von Myoglobin und flüchtigen Komponenten bestimmt. Darüber hinaus enthält Fleisch neben hochwertigen Proteinen auch Vitamine und Mineralien. Für kultiviertes Fleisch gibt es bisher kaum Informationen über diese Parameter.

Dem im Jahr 2013 öffentlich verkosteten Burgerprototyp der Gruppe um Prof. Mark Post wurden Rote-Bete-Saft als Farbgeber, Safran und Karamell als Geschmacksgeber sowie Brotkrumen, Eiweißpulver und Bindungsmittel für die Textur zugesetzt (Fraeye et al. 2020).

Es kann davon ausgegangen werden, dass Nährmedien die sensorischen Eigenschaften geernteter Zellprodukte, von Muskelfasern und kultiviertem Fett direkt beeinflussen können. Dies fügt ihrer Bedeutung für die Herstellung kultivierter Produkte eine neue Dimension hinzu. So sind beispielsweise die in den Medien vorhandenen Aminosäuren

Glutamin und Asparagin an der Ausbildung des typischen Umami-Aromas von Fleisch beteiligt (Kawai et al. 2002).

Für die Ausprägung der Fleischtextur sind neben der Struktur der Myofibrillen und dem Fettgehalt auch die extrazelluläre Matrix (ECM) bzw. die Bindegewebskomponenten des Muskels von Bedeutung. Sie erhöhen die Lebensfähigkeit der Zellen und verleihen dem Muskel mechanische Festigkeit.

Kollagen Typ I ist eine der wichtigsten ECM-Komponenten im Muskel und wird von Myofibroblasten produziert. Funktionelles Kollagen I enthält viele modifizierte Aminosäuren, etwa 30 % davon Prolin und Hydroxyprolin, welche die Kollagenstruktur stabilisieren. Thorrez et al. (2018) konnten durch ein Nährmedium mit Zusatz von Prolin, Hydroxyprolin und Ascorbinsäure die Kollagenproduktion und die mechanischen Eigenschaften von *in vitro* erzeugten Muskelfaser-Konstrukten in einer Hydrogelmatrix erhöhen und deren mechanische Eigenschaften verbessern. Die erzeugte statische Spannung steigert außerdem die Proteinproduktion kultivierter Muskelfasern (Vandenburgh et al. 1999).

Kontraktile (Myosin, Aktin) und funktionelle Proteine beeinflussen die Sensorik und die Qualität von kultiviertem Fleisch. So ist beispielsweise das Protein Myoglobin für die rote Farbe von Fleisch verantwortlich und stellt zugleich auch eine wichtige Eisenquelle dar. Kultivierte Muskelgewebe haben zunächst eine helle Farbe, da sie kaum Myoglobin enthalten. Die Expression von Myoglobin konnte durch die Applikation einer Lipidmischung (2 µg/ml Arachidonsäure, jeweils 10 µg/ml Linolsäure, Linolensäure, Myristinsäure, Ölsäure, Palmitinsäure und Stearinsäure) (Schlater et al. 2014) gesteigert werden. Die Anwesenheit von Myoglobin im Medium verbessert die Proliferation und führt zu einer Rötung der Zellen (Fraeye et al. 2020).

Es gibt verschiedene ernährungsphysiologisch wichtige Fleischkomponenten, die nicht von Muskelzellen gebildet werden. Sie müssen daher über das Nährmedium zugeführt werden, um das Zellwachstum zu gewährleisten. Dazu gehören das essenzielle Vitamin B12, das normalerweise von Darmbakterien produziert wird, sowie Mineralien wie Zink, Selen und Eisen. Eisen kommt im Fleisch hauptsächlich in der bioverfügbaren Häm-Form im Myoglobin vor. Da es in den meisten Basalmedien nicht enthalten ist, muss es zusammen mit seinem Transportprotein Transferrin supplementiert werden (Fraeye et al. 2020).

Auch bioaktive Substanzen wie Pflanzenextrakte (Babich et al. 2009) könnten eingesetzt werden, um positive Effekte auf das Wachstum und die Differenzierung der Zellen oder gesundheitsförderliche Wirkungen zu erzielen. So fördert die Aminosäure Taurin beispielsweise die Differenzierung von Muskelzellen in Muskelfasern und soll das Risiko für Herz-Kreislauf-Erkrankungen senken. Kreatin spielt eine Rolle im Energiestoffwechsel der Zellen und erhöht deren Differenzierungsfähigkeit (Ahmad et al. 2023; Fraeye et al. 2020).

Über das Medium kann auch die Qualität von kultiviertem Fett beeinflusst werden, beispielsweise hinsichtlich der Fettsäurezusammensetzung und des Verhältnisses zwischen gesättigten und ungesättigten Fettsäuren.

4.5 Skalierungsherausforderungen und Forschungsperspektiven in der Nährmedienentwicklung

Die grundlegende Diskrepanz zwischen den teuren pharmazeutischen Produktionsstandards und den Anforderungen der Lebensmittelproduktion ist besonders kritisch für die Skalierung. Die etablierten Good Manufacturing Practice (GMP)-Standards der Medienproduktion wurden für die Pharma- und Biotech-Industrie entwickelt. In diesen Branchen werden deutlich geringere Volumina bei höheren Margen (60–80 %) produziert (Specht 2020). Die Anforderungen an Reinraumklassifizierung, Qualitätskontrollen und Dokumentation sind für die Lebensmittelproduktion im industriellen Maßstab überdimensioniert. Zusammen mit dem hohen Energiebedarf (der hauptsächlich zur Gewährleistung der Sterilität erforderlich ist), der Forderung nach hochreinen Ausgangsstoffen und der komplexen Prozesskette tragen sie zu den hohen Kosten der Medienproduktion bei. Eine drastische Senkung dieser Kosten ist unabdingbar für eine erfolgreiche Skalierung.

Hinzu kommen die Herausforderungen, die sich aus der Notwendigkeit ergeben, geeignete Produktionsprozesse zu entwickeln und durchgängige Aseptik bei industriellen Produktionsvolumina von Tausenden Tonnen zu gewährleisten (Harsini & Swartz 2023). Batch-Prozesse sind zwar flexibler bei der Anpassung von Rezepturen und Medienformulierungen, jedoch sind sie mit höheren Kosten (längere Durchlaufzeiten, höherer Personalbedarf) und Kontaminationsrisiken verbunden. Durch bessere Prozesskontrolle, höhere Produktionsmengen und geringere Ausfallzeiten bieten kontinuierliche Prozesse für die industrielle Skalierung signifikante Vorteile. Ihre Etablierung stellt jedoch hohe Anforderungen an die Prozessanalytik, da zur Gewährleistung einer konstanten Medienqualität kritische Parameter (pH-Wert, Osmolalität, Nährstoffkonzentrationen) in Echtzeit überwacht werden müssen.

Für eine erfolgreiche Skalierung der Produktion von kultiviertem Fleisch müssen Technologien entwickelt werden, die die Medienkosten signifikant reduzieren. Dazu ist insbesondere Forschung in den Bereichen der Medienrezyklierung und -aufbereitung sowie die Entwicklung innovativer Filtrationssysteme und Sensortechnologien zur Echtzeitanalytik erforderlich.

Ein besseres Verständnis zellulärer Stoffwechselprozesse spielt ebenfalls eine Schlüsselrolle (Post et al. 2020). Mithilfe computergestützter Modellierungstechniken kann eine Optimierung der zellulären Nährstoffaufnahme und des Medienverbrauchs schneller und mit geringerem Ressourcenaufwand erreicht werden.

Standardisierung und Qualitätssicherung, insbesondere im Bereich der Lebensmittelsicherheit, sind ebenfalls wichtige Aspekte. Um fundierte regulatorische Entscheidungen treffen zu können, ist beispielsweise Forschung zu möglichen Kontaminanten, neuen Toxinen oder Allergenen nötig (Powell et al. 2024).

Literatur

Ahmad SS, Chun HJ, Ahmad K et al (2023) The roles of growth factors and hormones in the regulation of muscle satellite cells for cultured meat production. J Anim Sci Technol 65(1):16–31. https://doi.org/10.5187/jast.2022.e114

Ahmadabadi M (2021) Transfer and expression of native human insulin-like growth factor-1 in tobacco chloroplasts. Iran J Biotechnol 19(4):e2911. https://doi.org/10.30498/ijb.2021.256630.2911

Arora M (2013) Cell culture media: A review. Mater Methods 3:175. https://doi.org/10.13070/mm.en.3.175

Babich H, Liebling EJ, Burger RF et al (2009) Choice of DMEM, formulated with or without pyruvate, plays an important role in assessing the in vitro cytotoxicity of oxidants and prooxidant nutraceuticals. In Vitro Cell Dev Biol – Animal 45: 226–233. https://doi.org/10.1007/s11626-008-9168-z

Dessels C, Potgieter M, Pepper MS (2016) Making the switch: alternatives to fetal bovine serum for adipose-derived stromal cell expansion. Front Cell Dev Biol 4:115. https://doi.org/10.3389/fcell.2016.00115

Fraeye I, Kratka M, Vandenburgh H et al (2020) Sensorial and nutritional aspects of cultured meat in comparison to traditional meat: much to be inferred. Front Nutr 7:35. https://doi.org/10.3389/fnut.2020.00035

Harsini F, Swartz E (2023) Trends in cultivated meat scale up and bioprocessing. A summary of a 2023 industry-wide survey. The Good Food Institute. https://gfi.org/resource/trends-in-cultivated-meat-scale-up-and-bioprocessing/. Zugegriffen: 14.01.2026

Hashizume T, Ozawa Y, Ying BW (2023) Employing active learning in the optimization of culture medium for mammalian cells. npj Syst Biol Appl 9:20. https://doi.org/10.1038/s41540-023-00284-7

Kawai M, Okiyama A, Ueda Y (2002) Taste enhancements between various amino acids and IMP. Chem Senses 27(8):739–745. https://doi.org/10.1093/chemse/27.8.739

Kolkmann AM, Post MJ, Rutjens MAM et al (2020) Serum-free media for the growth of primary bovine myoblasts. Cytotechnology 72:111–120. https://doi.org/10.1007/s10616-019-00361-y

Kuo HH, Gao X, DeKeyser JM et al (2020) Negligible-cost and weekend-free chemically defined human iPSC culture. Stem Cell Rep 14(2):256–270. https://doi.org/10.1016/j.stemcr.2019.12.007

Ma JS, Ming Y, Wu J et al (2024) Cellular metabolism regulates the differentiation and function of T-cell subsets. Cell Mol Immunol 21:419–435. https://doi.org/10.1038/s41423-024-01148-8

Nikolits I, Nebel S, Egger D et al (2021) Towards physiologic culture approaches to improve standard cultivation of mesenchymal stem cells. Cells 10(4):886. https://doi.org/10.3390/cells10040886

Post MJ, Levenberg S, Kaplan DL et al (2020) Scientific, sustainability and regulatory challenges of cultured meat. Nat Food 1:403–415. https://doi.org/10.1038/s43016-020-0112-z

Powell DJ, Li D, Smith B et al (2024) Cultivated meat microbiological safety considerations and practices. Compr Rev Food Sci Food Saf 24(1):e70077. https://doi.org/10.1111/1541-4337.70077

Pulidindi K, Ahuja K (2024) Protein hydrolysate market. https://www.gminsights.com/industry-analysis/plant-protein-hydrolysate-market. Zugegriffen: 14.01.2026

Schenzle L, Egger K, Fuchs A et al (2022) Never let me down: optimizing performance of serum free culture medium for bovine satellite cells. Preprint at https://www.biorxiv.org/content/https://doi.org/10.1101/2022.11.13.516330v1

Schlater AE, De Miranda Jr MA, Frye MA et al (2014) Changing the paradigm for myoglobin: a novel link between lipids and myoglobin. J Appl Physiol 117(3):307–315. https://doi.org/10.1152/japplphysiol.00973.2013

Specht L (2020) An analysis of culture medium costs and production volumes for cultivated meat. The Good Food Institute. https://gfi.org/wp-content/uploads/2021/01/clean-meat-production-volume-and-medium-cost.pdf. Zugegriffen: 14.01.2026

Stout AJ, Mirliani AB, Rittenberg ML et al (2022a) Simple and effective serum-free medium for sustained expansion of bovine satellite cells for cultured meat. Commun Biol 5:466. https://doi.org/10.1038/s42003-022-03423-8

Stout AJ, Rittenberg ML, Shub M et al (2022b) A Beefy-R culture medium: replacing albumin with rapeseed protein isolates. Biomaterials 296:122092. https://doi.org/10.1016/j.biomaterials.2023.122092

Thorrez L, DiSano K, Shansky J et al (2018) Engineering of human skeletal muscle with an autologous deposited extracellular matrix. Front Physiol 9:1076. https://doi.org/10.3389/fphys.2018.01076

Uauy R, Mena P, Rojas C (2000) Essential fatty acids in early life: structural and functional role. Proc Nutr Soc 59(1):3–15. https://doi.org/10.1017/S0029665100000021

Vandenburgh H, Shansky J, Del Tatto M et al (1999) Organogenesis of skeletal muscle in tissue culture. In: Morgan JR, Yarmush ML (Hrsg) Tissue engineering methods and protocols. Methods in molecular medicine, vol 18. Humana Press, S 217–225. https://doi.org/10.1385/0-89603-516-6:217

Yamanaka K, Haraguchi Y, Takahashi H et al (2023) Development of serum-free and grain-derived-nutrient-free medium using microalga-derived nutrients and mammalian cell-secreted growth factors for sustainable cultured meat production. Sci Rep 13:498. https://doi.org/10.1038/s41598-023-27629-w

Yao T, Asayama T (2017) Animal-cell culture media: History, characteristics, and current issues. Reprod Med Biol 16(2):99–117. https://doi.org/10.1002/rmb2.12024

Ye Z, Wang S, Zhang C et al (2020) Coordinated modulation of energy metabolism and inflammation by branched-chain amino acids and fatty acids. Front Endocrinol 11:617. https://doi.org/10.3389/fendo.2020.00617

BY

5 Kontrollierte Ökosysteme für die Zellen: Bioreaktoren und ihre Rolle in der Kultivierung

Chantal Treinen und Marius Henkel

Zusammenfassung

Bioreaktoren sind die zentralen Produktionssysteme für kultiviertes Fleisch. Sie schaffen eine kontrollierte Umgebung, in der tierische Zellen wachsen und sich vermehren können. Mithilfe von Bioreaktoren lassen sich wichtige Faktoren wie Temperatur, pH-Wert, Sauerstoffversorgung und Nährstoffzufuhr kontrollieren. In diesem Kapitel wird erklärt, was Bioreaktoren sind, wie sie funktionieren und welche verschiedenen Typen es gibt. Zudem werden technische Herausforderungen beleuchtet, darunter die effiziente Steuerung des Zellwachstums und die Übertragung der Prozesse aus dem kleinen Labormaßstab auf eine großflächige Produktion. Während klassische Rührkessel-Bioreaktoren bereits etabliert sind, werden für die Erzeugung von strukturiertem Gewebe neue Konzepte benötigt. Automatisierte Systeme, innovative Designs und Fortschritte in der Prozesskontrolle könnten die Technologie weiterentwickeln. Dennoch bleibt offen, welche Bioreaktoren sich für die industrielle Herstellung durchsetzen werden.

C. Treinen · M. Henkel (✉)
Cellular Agriculture, TUM School of Life Sciences, Technische Universität München (TUM), Freising, Deutschland
E-Mail: marius.henkel@tum.de

C. Treinen
E-Mail: chantal.treinen@tum.de

N. Lin-Hi und I. Blumberg (Hrsg.), *Kultiviertes Fleisch,* SDG – Forschung, Konzepte, Lösungsansätze zur Nachhaltigkeit, https://doi.org/10.1007/978-3-662-73361-5_5

5.1 Einleitung

Kultiviertes Fleisch gilt als vielversprechende Lösung für eine nachhaltigere Ernährung. Doch wie genau wachsen Zellen außerhalb eines lebenden Organismus zu einem essbaren Produkt heran? Die Antwort liegt in der richtigen Umgebung. Genau hier kommen Bioreaktoren ins Spiel: Ohne Bioreaktoren gibt es kein kultiviertes Fleisch!

Bioreaktoren sind spezielle Behälter, die kontrollierte Bedingungen schaffen, unter denen die Zellen – ähnlich wie im lebenden Organismus – wachsen können. Einfach ausgedrückt ist ein Bioreaktor eine Art kontrollierter „Lebensraum" für Zellen. Man kann ihn sich wie ein künstliches Ökosystem vorstellen, in dem alles genau auf das Zellwachstum abgestimmt ist. Darin werden Temperatur, pH-Wert, Sauerstoffgehalt und Nährstoffe kontinuierlich überwacht und reguliert, damit sich die Zellen optimal vermehren können.

Im ersten Schritt werden die Zellen, die beispielsweise vom Tier stammen oder aus tiefgefrorenen Zellbanken entnommen werden können, für die Produktion vermehrt. Diese unstrukturierte Zellmasse kann jedoch allein noch kein Fleischprodukt nachbilden. Damit aus den einzelnen Zellen ein essbares Produkt entsteht, müssen sie nicht nur wachsen, sondern sich auch in der richtigen Form und Struktur organisieren (Post 2014). Für unstrukturierte Produkte wie Hackfleisch oder für die Verwendung als Zutat in verarbeiteten Lebensmitteln reicht es oft aus, Zellen in großen Mengen zu vermehren. Sie können entweder auf speziellen Trägermaterialien wachsen oder nachträglich durch lebensmitteltechnologische Verfahren in Form gebracht werden. Für strukturiertes Fleisch wie beispielsweise ein Steak – also Produkte, die Muskelfasern, Fett und Bindegewebe in einer schneidbaren Form enthalten – reichen diese Ansätze jedoch nicht aus. Hier sind neue Technologien und essbare Stützstrukturen (sogenannte Scaffolds) für die Zellen erforderlich, die die natürliche Gewebearchitektur nachbilden können (Schlieker et al. 2025).

Während die Vermehrung von Zellen in Bioreaktoren der pharmazeutischen Industrie zur Herstellung einzelner Substanzen, beispielsweise für die Anwendung in Medikamenten, bereits etabliert ist, stellt die Nachbildung von Fleischgewebe eine große Herausforderung dar. Bisher gibt es keine Standardlösung dafür, wie und in welchen Bioreaktortypen Zellen nicht nur vermehrt, sondern auch zu komplexen Strukturen wie Muskelfasern oder Fettgewebe geformt werden können. Die Technologie befindet sich in diesem Bereich noch in der Entwicklung, und es ist unklar, welche Art von Bioreaktor und welches Verfahren sich langfristig für die industrielle Produktion durchsetzen werden.

In diesem Kapitel wird erläutert, wie Bioreaktoren zur Herstellung von kultiviertem Fleisch verwendet werden können, wie sie funktionieren, welche Typen es gibt und welche technischen Herausforderungen noch zu lösen sind. Zudem wird erklärt, warum aktuell noch nicht feststeht, welche Bioreaktortechnologie sich für die industrielle Produktion von kultiviertem Fleisch durchsetzen wird.

5.2 Geschichte und Entwicklung von Bioreaktoren

Neben der Bereitstellung optimaler Wachstumsbedingungen und einer ausreichenden Nährstoffversorgung erfüllen Bioreaktoren viele weitere Funktionen, die für die Kultivierung von Zellen ausschlaggebend sind. So bietet der Bioreaktor als geschlossener Behälter und „künstliches Ökosystem" beispielsweise auch einen Schutz der Zellkultur vor äußeren (Umwelt-)Einflüssen. Durch seine Nutzung wird außerdem verhindert, dass Mikroorganismen oder Zellmaterial unkontrolliert in die Umgebung gelangen können (Chmiel & Weuster-Botz 2018).

Abb. 5.1 zeigt die wichtigsten Funktionen eines Bioreaktors. Diese beinhalten:

- Nährstoffversorgung: kontinuierliche oder schrittweise Zugabe von Nährmedien,
- Sauerstoffzufuhr: Belüftung oder direkte Zugabe von Sauerstoff für das Zellwachstum,
- Temperaturkontrolle: präzise Regelung für angepasstes Wachstum,

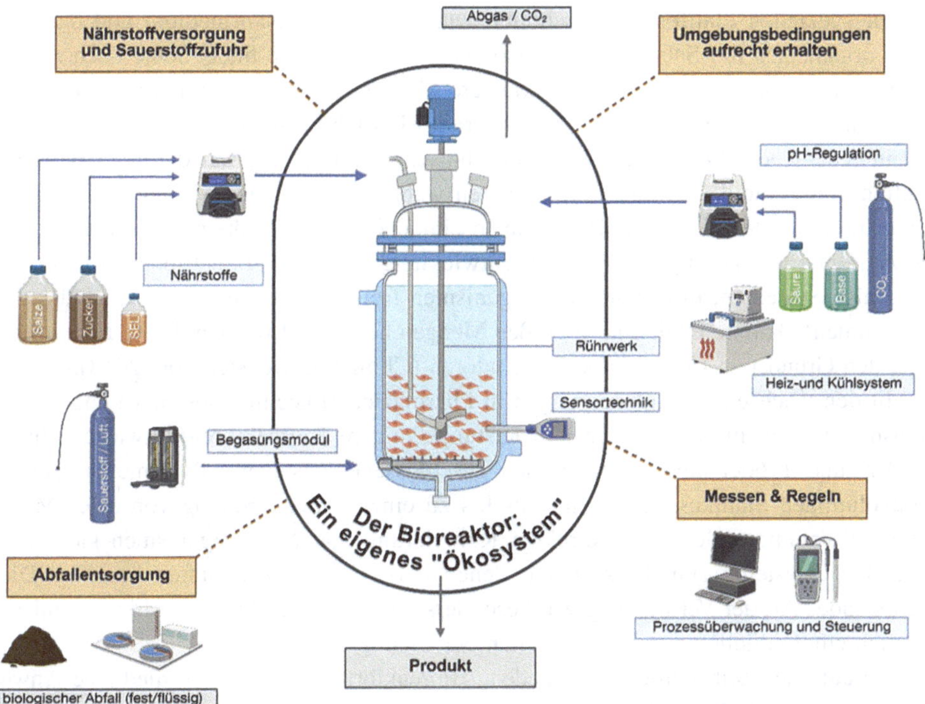

Abb. 5.1 Bioreaktoren als eigenes Ökosystem. Vereinfachte, schematische Darstellung eines Rührkessel-Bioreaktors, der eine geeignete Umgebung für das Zellwachstum mittels Ein- und Ausströmen für Nährmedium, Gaszufuhr, Sensorik und Temperaturregelung schafft. Erstellt mit BioRender. Treinen, C. (2025) https://BioRender.com/3c3gr7n

- pH-Regulation: Stabilisierung des pH-Werts durch Zugabe von Säuren oder Basen,
- Mischen und Rühren: gleichmäßige Verteilung von Nährstoffen und Gasen, Verhinderung von Ablagerungen,
- Abfallentsorgung: Entfernung von Stoffwechselprodukten, um toxische Effekte zu vermeiden,
- Sterilität: Schutz vor Kontamination durch spezielle Filter und geschlossene Systeme,
- Biosicherheit: Verhinderung des Entweichens von Zellen oder Mikroorganismen in die Umwelt.

5.2.1 Die Anfänge: Von Schüttelkolben zu Bioreaktoren

Die Geschichte der Bioreaktoren begann Anfang des 20. Jahrhunderts mit einfachen Gefäßen zur Vermehrung von Mikroorganismen für die Lebensmittelerzeugung, beispielsweise für die Essigherstellung. In den frühen Tagen der Biotechnologie wurden Hefen, Bakterien und Zellkulturen in Schüttelkolben vermehrt (kultiviert). Das sind Glasgefäße, die auf speziellen Plattformen geschüttelt wurden, um das Nährmedium und damit die Mikroorganismen mit Sauerstoff zu versorgen. Diese Methode findet heute noch Anwendung in der Forschung und reicht für kleinere Mengen und Produktmuster aus, ist jedoch nicht skalierbar, also nicht einfach in größerem Maßstab umsetzbar.

Ein bedeutender Meilenstein der großtechnischen Herstellung war die industrielle Produktion von Penicillin in den 1940er Jahren während des Zweiten Weltkriegs. Anfangs versuchte man, den Wirkstoff Penicillin in einfachen Kulturgefäßen zu gewinnen, doch die Ausbeute war gering. Erst mit der Entwicklung von submers betriebenen Bioreaktoren – also Systemen, in denen Mikroorganismen frei in einer durchmischten Flüssigkeit schwimmen – konnte Penicillin in großen Mengen hergestellt werden. Diese Entwicklung legte den Grundstein für moderne Bioreaktoren (Chmiel & Weuster-Botz 2018).

Mit den wachsenden Anforderungen in Pharmazie, Biotechnologie und Lebensmittelindustrie wurden immer größere und leistungsfähigere Bioreaktoren entwickelt. In den 1950er- und 1960er-Jahren setzten sich geschlossene, gesteuerte Systeme in teilweise großvolumigen Stahlkesseln durch, teils bis zu einer Größenordnung von einer Million Liter Füllvolumen. Neben der direkten Kultivierung von Mikroorganismen kamen nun auch Trägersysteme zum Einsatz, auf denen tierische Zellen anhaften konnten. Diese „schonende" Art der Vermehrung war besonders für die im Vergleich zu Mikroorganismen deutlich empfindlicheren tierischen Zellen ein wichtiger Fortschritt.

Im Laufe der Zeit wurden verschiedene Bioreaktortypen für unterschiedliche Anwendungen entwickelt. Besonders wichtig wurden zwei Grundprinzipien:

- Der Rührkessel-Bioreaktor (engl. *Stirred Tank Reactor*, STR) besteht aus einem geschlossenen Tank mit einem mechanischen Rührwerk, das die Flüssigkeit konstant durchmischt und somit Nährstoffe und Sauerstoff gleichmäßig verteilt.

- Der Blasensäulen-Bioreaktor (engl. *Bubble Column Bioreactor*) kommt ohne mechanisches Rührwerk aus. Stattdessen wird Luft oder Gas von unten in die Flüssigkeit eingeleitet, sodass die aufsteigenden Blasen die Kultur durchmischen. Dies ist besonders energieeffizient und wird oft für großvolumige, kostengünstige Verfahren genutzt, etwa in der industriellen Biotechnologie für die Massenproduktion von organischen Säuren oder Antibiotika.

5.2.2 Der Rührkessel-Bioreaktor als Goldstandard

Obwohl verschiedene Bioreaktortypen entwickelt wurden, ist der Rührkessel-Bioreaktor bis heute der gängige Standard und der am häufigsten verwendete Bioreaktortyp in der Zellkulturtechnik. Seine hohe Flexibilität und industrielle Skalierbarkeit machen ihn zur bevorzugten Wahl in der Pharmazie, Biotechnologie und Lebensmittelproduktion (Chmiel & Weuster-Botz 2018). Es stellt sich jedoch die Frage, ob dieser Standard auch für die Produktion von kultiviertem Fleisch geeignet ist. Während klassische Bioreaktoren bereits für die Kultivierung von Mikroorganismen optimiert wurden, sind für kultiviertes Fleisch neue Technologien erforderlich. Welche Bioreaktortypen sich dafür am besten eignen, wird in Abschn. 5.3 genauer untersucht.

5.3 Bioreaktoren für kultiviertes Fleisch

Je nach Zelltyp, Strukturierungsanforderungen und Produktionsmaßstab kommen für die Herstellung von kultiviertem Fleisch unterschiedliche Bioreaktortypen zum Einsatz, beispielsweise Rührkessel-, Blasensäulen- oder Festbettbioreaktoren (Schlieker et al. 2025). Etablierte Bioreaktoren wie Rührkesselbioreaktoren können bereits für einzelne Schritte der Herstellung von kultiviertem Fleisch genutzt werden, beispielsweise für die Vermehrung von Zellen.

Diese Systeme lassen sich grundsätzlich in zwei Hauptgruppen einteilen: (1) suspensionsbasierte Bioreaktoren, in denen die Zellen frei im Medium schwimmen oder an Mikroträgern wachsen, und (2) oberflächenadhärente Bioreaktoren, in denen die Zellen auf festen Strukturen oder Membranen wachsen. Wie in Abb. 5.2 dargestellt, ergeben sich je nach verwendetem System unterschiedliche Produkte. Die Verwendung suspensionsbasierter Bioreaktoren zielt auf die Produktion von unstrukturiertem kultiviertem Fleisch ab, das als Lebensmittelinhaltsstoff für Burger oder Brühwürste verwendet werden kann. Um ein strukturiertes Produkt wie etwa ein Steak zu erhalten, ist die Verwendung von oberflächenadhärenten Bioreaktoren erforderlich. Zusätzlich unterscheiden sich die Reaktoren durch ihren Betriebsmodus. Beim sogenannten „Batch-Verfahren" wird das gesamte Medium zu Beginn eingefüllt. Nach dem Verbrauch der Nährstoffe wird der Prozess durch die Ernte der Zellen bzw. des Produkts beendet. Beim sogenannten „Fed-Batch-Verfahren" wird das frische Medium schrittweise zugegeben, wobei das verbrauchte Medium erhalten bleibt und erst nach Beendigung des Prozesses wieder geleert wird. Eine kontinuierliche Versorgung und Entfernung von Stoffwechselabfällen ermöglicht das sogenannte „Perfusionsverfahren", bei dem kontinuierlich „verbrauchtes" Nährmedium durch frisches Nährmedium ersetzt wird, was besonders für zukünftige Anwendungen für die Erzeugung von kultiviertem Fleisch geeignet ist (Schlieker et al. 2026).

Für die Produktion von kultiviertem Fleisch finden die folgenden Bioreaktoren Anwendung (Schlieker et al. 2025). In der oberen Hälfte von Abb. 5.2 sind suspensionsbasierte Bioreaktoren schematisch dargestellt. Dabei handelt es sich um Bioreaktoren, in denen die Zellen in einer Nährlösung freischwimmend oder auf kleinen Trägermolekülen gezüchtet werden. Sie eignen sich somit besonders zur Herstellung unstrukturierter Produkte. Der untere Teil der Abbildung zeigt Scaffold-basierte Bioreaktoren, also Bioreaktoren mit

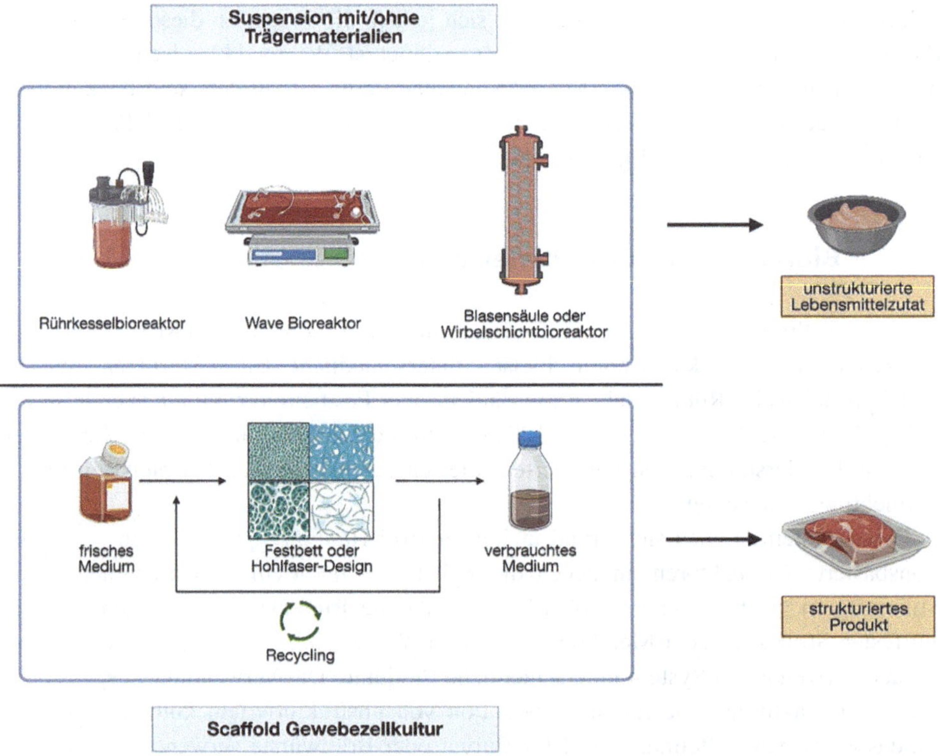

Abb. 5.2 Übersicht verschiedener Bioreaktortypen, die bei der Herstellung von kultiviertem Fleisch zum Einsatz kommen können, und Vergleich der Systeme für unstrukturierte bzw. strukturierte Produkte, mit Nutzung von Perfusionsbioreaktoren zur Nährstoffversorgung von Gewebe im Bioreaktor. Erstellt mit BioRender. Treinen, C. (2025) https://BioRender.com/tp4qg9u

dreidimensionalen Stützstrukturen. Diese eignen sich im Perfusionsbetrieb zur Herstellung strukturierter Produkte, beispielsweise Zellgewebe.

Festbett-Bioreaktoren
In Festbett-Bioreaktoren wachsen die Zellen auf einem festen Trägermaterial (sogenanntem Scaffold), während das Medium durch das System gepumpt wird. Dies ermöglicht die Bildung dreidimensionaler Zellstrukturen, erschwert jedoch die gleichmäßige Nährstoffversorgung, da Diffusionsbarrieren entstehen können. Das sind tiefere Bereiche im Gewebe, die nicht in gleichem Maße mit Nährstoffen versorgt werden können.

Wirbelschicht-Bioreaktoren
Hier werden Mikroträger mit Zellen durch einen aufwärts gerichteten Flüssigkeitsstrom (Wirbelschicht) in Schwebe gehalten. Dies verbessert den Sauerstoff- und Nährstoffaustausch und reduziert Diffusionsprobleme im Vergleich zum klassischen Festbett-Bioreaktor.

Hohlfaser-Bioreaktoren
Diese Reaktoren bestehen aus feinen Hohlfasermembranen, an deren Außenseite die Zellen wachsen. Die Nährstoffversorgung erfolgt über das Innere der Fasern. Dies ist besonders für Perfusionsprozesse geeignet, da frisches Medium kontinuierlich zugeführt werden kann.

Wave-Bioreaktoren
Wave-Bioreaktoren sind Einweg-Bioreaktoren, die durch eine kippende Bewegung des Kulturmediums eine sanfte Durchmischung ermöglichen. Sie sind zwar einfach zu handhaben, ihre Einsatzmöglichkeiten hinsichtlich Skalierung und Sauerstofftransfer sind jedoch begrenzt.

5.3.1 Perfusions-Bioreaktoren – Der Schlüssel zur Gewebebildung

Perfusions-Bioreaktoren ermöglichen die kontinuierliche Zufuhr frischer Nährstoffe für das Zellwachstum sowie die Entfernung von Stoffwechselabfällen. Dies ist entscheidend, um dichte Zellverbände zu erzeugen und somit fleischähnliche Texturen zu erreichen. Daher eignen sich Perfusionsbioreaktoren besonders für die Herstellung komplexer Gewebestrukturen, die der Struktur von echtem Fleisch nahekommen. Da jedoch große Mengen an Medium benötigt werden, ist ein effizientes Recycling essenziell (Schlieker et al. 2025).

Ein großer Kostentreiber in der Produktion von kultiviertem Fleisch ist das flüssige Nährmedium. Dessen Recycling kann die Kosten senken und die Nachhaltigkeit von kultiviertem Fleisch verbessern. Hierzu zählen die Aufbereitung und Wiederverwendung, die Entfernung von Stoffwechselabfallprodukten und die Ergänzung fehlender Nährstoffe. Ein möglicher Ansatz ist die Weiterverwendung der bereits einmal für die Kultivierung verwendeten flüssigen Abfallströme, also der „verbrauchten" Nährmedien, durch Zugabe von Extrakten aus Algen oder Mikroorganismen, die wiederum als Nährstoffquelle die verbrauchten Substanzen ersetzen sollen (Oey et al. 2026).

5.3.2 Skalierbarkeit: Herausforderungen vom Labor zur Industrie

Der Übergang vom Labormaßstab zur industriellen Produktion von kultiviertem Fleisch ist mit mehreren Herausforderungen verbunden (Schlieker et al. 2026). Diese beinhalten:

- Sicherstellung einer gleichmäßigen und ausreichenden Nährstoff- und Sauerstoffversorgung bei zunehmender Zellmasse,
- Vermeidung von Scherkräften, also reibenden Kräften durch Rühren oder Strömung, sowie anderen mechanischen Belastungen, die die Zellen schädigen können,
- Optimierung der Kostenstruktur durch effiziente Prozesssteuerung und Recycling des Mediums,
- Sicherstellung der Sterilität in großtechnischen Anlagen zur Vermeidung von Kontaminationen,
- Anpassung der Bioreaktoren an große Volumina.

Die Wahl des richtigen Bioreaktors ist entscheidend, doch ebenso wichtig ist die genaue Kontrolle des gesamten Prozesses. Im nächsten Abschnitt wird erläutert, wie Bioreaktoren optimal betrieben und gesteuert werden können, um eine wirtschaftliche Herstellung von kultiviertem Fleisch zu ermöglichen.

5.4 Betrieb von Bioreaktoren: Wie der Prozess kontrolliert werden kann

Die Zellkultivierung erfordert eine präzise Prozesssteuerung, wobei die Beobachtung des Prozesses durch verschiedenste Messdaten in Echtzeit dabei helfen kann, Zellwachstum und Stoffwechselaktivität zu kontrollieren. Da Zellen sehr empfindlich auf Veränderungen reagieren, müssen Parameter wie Temperatur, Sauerstoffversorgung, pH-Wert und Nährstoffkonzentration konstant gehalten werden. Bereits kleine Abweichungen können das Zellwachstum und die Gewebeentwicklung erheblich beeinträchtigen.

5.4.1 Technische Prozesskontrolle im Bioreaktor

Ein wesentlicher Bestandteil der Prozesskontrolle ist der Einsatz von Sensoren, die die wichtigsten Umweltfaktoren im Bioreaktor kontinuierlich messen. Diese Daten werden in Echtzeit an ein zentrales Steuerungssystem weitergeleitet, das automatisch Anpassungen vornimmt, sollte es zu Abweichungen der Bedingungen kommen. Besonders wichtig ist hierbei Messtechnik, die die Beobachtung des Bioprozesses in Echtzeit ermöglicht und somit eine sofortige Reaktion auf Veränderungen erlaubt. Automatisierte Regelkreise steuern beispielsweise die Zufuhr von Sauerstoff, regulieren den pH-Wert durch Zugabe von Pufferlösungen und passen die Nährstoffversorgung an den jeweiligen Zellstatus an (Noll und Henkel 2020).

Ein weiterer wichtiger Aspekt ist die Durchmischung der Zellkultur. In vielen Bioreaktoren wird dies durch mechanisches Rühren oder durch die Zufuhr von Gasen erreicht. Dadurch wird eine gleichmäßige Verteilung der Nährstoffe und des Sauerstoffs sichergestellt. Jedoch dürfen die erzeugten Scherkräfte nicht zu hoch sein, da empfindliche tierische Zellen sonst geschädigt werden können. In bestimmten Bioreaktortypen, wie beispielsweise Perfusionsbioreaktoren, sorgt der kontinuierliche Fluss des Mediums für eine konstante Versorgung der Zellen mit frischen Nährstoffen und für den Abtransport von Stoffwechselprodukten.

5.4.2 Von der Proliferation zur Differenzierung: Anpassung der Prozessführung

Ein besonders sensibler Prozessschritt in der Bioreaktortechnologie für kultiviertes Fleisch ist der Übergang von der Zellproliferation zur Zelldifferenzierung (siehe Kap. 3). Während in der Wachstumsphase optimale Bedingungen für eine rasche Zellvermehrung geschaffen werden, müssen sich diese Parameter im späteren Verlauf ändern, um die Differenzierung der Zellen zu fördern. Dies erfordert in der Regel eine Anpassung der Zusammensetzung des Mediums, beispielsweise durch die Reduktion von Wachstumsfaktoren oder die Zugabe spezifischer Signalmoleküle, welche die Bildung von Muskel- oder Fettzellen stimulieren (Schlieker et al. 2025).

Eine gleichbleibend hohe Qualität des kultivierten Fleisches setzt voraus, dass die Prozessbedingungen im Bioreaktor streng überwacht und standardisiert werden. Um eine Reproduzierbarkeit zu gewährleisten, müssen Temperatur, Nährstoffversorgung und Sauerstoffgehalt in jeder Charge exakt gleich sein. Automatisierte Systeme mit Echtzeit-Monitoring helfen dabei, Abweichungen frühzeitig zu erkennen und Gegenmaßnahmen einzuleiten. Die Qualitätssicherung ist hier besonders wichtig, da das Endprodukt für den menschlichen Verzehr bestimmt ist und höchste Sicherheitsstandards erfüllen muss.

Mit der zunehmenden Digitalisierung werden moderne Bioreaktorsysteme immer intelligenter. Fortschritte in der Automatisierung sowie der Einsatz von künstlicher Intelligenz ermöglichen eine noch präzisere Steuerung und Optimierung der Prozesse. Smarte Bioreaktoren können Daten aus vergangenen Produktionszyklen analysieren und automatisch die besten Prozessstrategien für zukünftige Chargen berechnen. Methoden aus der Pharmaindustrie und industriellen Biotechnologie, wie modellbasierte Steuerungen oder maschinelles Lernen, helfen dabei, den Ressourceneinsatz zu optimieren und die Produktionskosten zu senken (Noll & Henkel 2020). In Zukunft könnten vollautomatische Anlagen mit robotergestützten Systemen den Betrieb weiter vereinfachen und eine noch effizientere Herstellung von kultiviertem Fleisch ermöglichen.

5.5 Fazit und Ausblick

Bioreaktoren sind eine Schlüsseltechnologie für die Herstellung von kultiviertem Fleisch. Sie bieten kontrollierte Wachstumsbedingungen für tierische Zellen und ermöglichen deren Vermehrung und Differenzierung. Während einige Aspekte der Zellkultur bereits gut etabliert sind, stehen noch zahlreiche technische Herausforderungen im Raum, die gelöst werden müssen, um eine großflächige industrielle Produktion zu ermöglichen.

Klassische Rührkessel-Bioreaktoren sind bewährte Systeme, die in vielen Bereichen der Biotechnologie erfolgreich eingesetzt werden. Sie bieten eine zuverlässige Umgebung für die Expansion von Zellen und können durch Anpassungen auch für verschiedene Zelltypen optimiert werden.

Ein größeres ungelöstes Problem ist die Gewebebildung. Während einzelne Zellen effizient vermehrt werden können, bleibt es eine Herausforderung, Muskel-, Fett- und Bindegewebe in einer dreidimensionalen Struktur wachsen zu lassen. Hierzu werden verschiedene Bioreaktorkonzepte getestet, denn eine erfolgreiche Umsetzung dieser Prozesse ist entscheidend, um kultiviertes Fleisch mit einer authentischen Textur und Zusammensetzung zu erzeugen.

Fortschritte in der Materialwissenschaft, Automatisierung und künstlichen Intelligenz könnten die Zukunft der Bioreaktortechnologie weiter vorantreiben. So könnten beispielsweise Materialien für Zellträger (Scaffolds) und Bioreaktoroberflächen die Effizienz der Zellkultivierung steigern. Darüber hinaus helfen automatisierte Steuerungssysteme und maschinelles Lernen dabei, die Prozessüberwachung zu optimieren sowie stabile und reproduzierbare Verfahren sicherzustellen. Zudem wird die Skalierung der Produktion eine zentrale Herausforderung bleiben – von kleinen Labor-Bioreaktoren hin zu industriellen Maßstäben.

Neben den technologischen Aspekten ist auch die Bewertung von Nachhaltigkeit und Effizienz von großer Bedeutung. Bereits während der Entwicklung neuer Verfahren müssen Umwelt- und Ressourcenfaktoren berücksichtigt werden, um mögliche Schwachstellen frühzeitig zu identifizieren und Optimierungspotenziale auszuschöpfen. Diese Analysen sind nicht nur für die wirtschaftliche Machbarkeit, sondern auch für die technische Gestaltung der Bioreaktorsysteme relevant.

Insgesamt hat sich noch keine endgültige Lösung als Standard für die industrielle Produktion von kultiviertem Fleisch durchgesetzt. Die Forschung und Entwicklung auf diesem Gebiet schreitet jedoch mit hoher Dynamik voran. In den kommenden Jahren wird sich zeigen, welche Strategien und Bioreaktortypen die besten Voraussetzungen bieten, um kultiviertes Fleisch effizient, nachhaltig und wirtschaftlich herzustellen.

Chantal Treinen:
Conceptualization, Writing–Review and, Editing, Visualization. Marius Henkel: Conceptualization, Writing–Original Draft, Writing–Review and Editing, Visualization.

Erklärung zur Nutzung generativer KI und KI-gestützter Werkzeuge:
Im Rahmen des Schreib-, Übersetzungs- und Redaktionsprozesses wurden der KI-Schreibassistent Grammarly AI Writing Assistant (Grammarly, Inc., San Francisco, USA), ChatGPT (OpenAI, San Francisco, USA) sowie DeepL Translator (DeepL SE, Köln, Deutschland) eingesetzt.

Literatur

Chmiel H, Weuster-Botz D (2018) Bioreaktoren. In: Chmiel H, Takors R, Weuster-Botz D (Hrsg) Bioprozesstechnik. Springer Spektrum, Berlin, Heidelberg. https://doi.org/10.1007/978-3-662-54042-8_6

Noll P, Henkel M (2020) History and evolution of modeling in biotechnology: modeling & simulation, application and hardware performance. Comput Struct Biotechnol J 18:3309–3323. https://doi.org/10.1016/j.csbj.2020.10.018

Oey M, Schlieker ML, Marx UC et al (2026) Microalgal co-cultivation meets media recycling: A pathway to serum and amino-acid reduction in cultivated meat. Food Res Int, 119627. https://doi.org/10.1016/j.foodres.2026.119627/p

Post MJ (2014) Cultured beef: medical technology to produce food. J Sci Food Agric 94(6):1039–1041. https://doi.org/10.1002/jsfa.6474

Schlieker M-L, Köhne L, Brenner KJ et al (2025) Technologie und Prozesse für kultiviertes Fleisch: Grundlagen. Herausforderungen und Perspektiven. Ernährungs Umschau 72(6):114–121. https://doi.org/10.4455/eu.2025.025

Schlieker ML, Vorländer D, Pasitka L et al (2026) Bioreactor design and engineering for cultivated meat manufacturing. In: n: Advances in Biochemical Engineering/Biotechnology. Springer, Berlin, Heidelberg, https://doi.org/10.1007/10_2026_314/p

BY

6 Die Herausforderung des „Steaks der Zukunft": Wie 3D-Biodrucker kultivierte Fleischstrukturen mit steakähnlichen Eigenschaften erzeugen können

Robin Maatz und Andreas Blaeser

Zusammenfassung

Um Fleischalternativen wie kultiviertes Fleisch für Verbraucher*innen attraktiv zu machen, werden neben unstrukturierten Produkten wie Hackfleisch auch strukturierte Fleischprodukte wie Steaks benötigt. Der 3D-Biodruck, bei dem die natürliche Struktur von echtem Fleisch Schicht für Schicht nachgebildet wird, eignet sich für die Herstellung solcher Produkte in hoher Qualität. In diesem Kapitel wird der Frage nachgegangen, welche Möglichkeiten sich durch den 3D-Biodruck eröffnen, um aus den geernteten, fleischspezifischen Zellen – wie Muskel- und Fettzellen – strukturierte Fleischalternativen herzustellen. Die Lesenden erhalten einen verständlichen Zugang zur Funktionsweise des 3D-Biodrucks und zu seiner Anwendung bei der Herstellung strukturierter Fleischprodukte. Neben der Erläuterung der verwendeten Materialien und Technologien werden auch technische Herausforderungen, wie die Skalierung der 3D-Produktion, behandelt.

R. Maatz · A. Blaeser (✉)
Institut für Druckmaschinen und Druckverfahren (IDD)/Fachgebiet für BioMedizinische Drucktechnologie und Fachgebiet für Zelluläre Landwirtschaft, Technische Universität Darmstadt, Darmstadt, Deutschland
E-Mail: blaeser@idd.tu-darmstadt.de

Fachgebiet für BioMedizinische Drucktechnologie, Forschungsgruppe Zelluläre Landwirtschaft, Technische Universität Darmstadt, Darmstadt, Deutschland

Centre for Synthetic Biology, Technische Universität Darmstadt, Darmstadt, Deutschland

R. Maatz
E-Mail: maatz@idd.tu-darmstadt.de

N. Lin-Hi und I. Blumberg (Hrsg.), *Kultiviertes Fleisch,* SDG – Forschung, Konzepte, Lösungsansätze zur Nachhaltigkeit, https://doi.org/10.1007/978-3-662-73361-5_6

6.1 Was ist 3D-Druck und wie funktioniert 3D-Druck bei der Herstellung von kultiviertem Fleisch?

6.1.1 Einführung in den 3D-Druck

Der 3D-Druck ist ein additives Fertigungsverfahren, bei dem das zu verarbeitende Material schichtweise auf einer Oberfläche (z. B. einer Glasplatte) aufgetragen wird, um eine zuvor definierte 3D-Geometrie nachzubilden. Die 3D-Geometrie kann dabei entweder über ein Scan-System erfasst oder mithilfe von CAD-Programmen entworfen werden. Im nächsten Schritt erfolgt das Slicen, also das schichtweise Zerteilen des virtuellen Objektes. Für jede dieser Einzelschichten wird anschließend mit unterschiedlichen Algorithmen eine Druckpfadberechnung vorgenommen. Diese legt den vorgeschriebenen Weg fest, auf dem das zu verdruckende Material abgelegt wird. Durch die schrittweise Abarbeitung der Pfade erfolgt der schichtweise Aufbau des realen Objekts im 3D-Drucker.

Für die Ablage bzw. das Fügen des Materials werden unterschiedliche Mechanismen und Methoden eingesetzt. Diese sind oft namensgebend für den jeweiligen Druckprozess und können sich stark voneinander unterscheiden. Bei der *Fused-Filament-Fabrication* (FFF) werden beispielsweise aufschmelzbare Kunststofffasern in der Düse des Druckkopfes unter hohem Druck und hohen Temperaturen aufgeschmolzen und in Form von extrudierten, also aus der Düse herausgepressten Materialsträngen abgelegt. Bei der Stereolithographie (SLA) werden hingegen Harze eingesetzt, die sich durch die Bestrahlung mit Licht aushärten (vernetzen) lassen. Die Harze liegen zunächst im unvernetzten Zustand in einem Bad vor und werden anschließend mit Licht eines bestimmten Wellenlängenbereichs bestrahlt. Die Bestrahlung findet von einer Bauplattform im Harz ausgehend an gezielten Stellen statt, um ein dreidimensionales Konstrukt aus dem Harz zu erzeugen. Das Selektive-Laserschmelzen (SLM) wird hingegen verwendet, um 3D-Strukturen aus Metall aufzubauen. Hierbei wird ein hochenergetischer Laser auf gezielte Stellen einer Bauplattform gerichtet, die mit einer dünnen Schicht des zu verarbeitenden Metallpulvers bedeckt ist. Der hohe Energieeintrag führt im Bereich der Lichtbestrahlung zu einem lokalen Aufschmelzen der Metallpartikel. Das schrittweise Aufschmelzen und das anschließende Erstarren der Schmelze ermöglichen den schichtweisen Aufbau der 3D-Struktur.

Die Beispiele zeigen, dass der 3D-Druckprozess immer auf das zu verarbeitende Material abgestimmt werden muss bzw. dass er oftmals speziell für eine Materialklasse entwickelt wurde. Das gilt ebenso für das Drucken von lebenden Zellen, dem Baumaterial für den Aufbau von strukturiertem kultiviertem Fleisch. Wie sich dieses Baumaterial, die sogenannte Biotinte, genau zusammensetzt, wird in Abschn. 6.2 beschrieben. Welche Mechanismen und Methoden zum Drucken von Zellen eingesetzt werden, wird im nachfolgenden Absatz beschrieben.

6.1.2 Der 3D-Biodruck: das Drucken von lebenden Zellen

Der 3D-Biodruck, also das Drucken von lebenden Zellen, folgt der grundsätzlichen Prozessabfolge des im vorherigen Absatz beschriebenen 3D-Druck-Verfahrens. Der wichtigste Unterschied besteht jedoch in der Zusammensetzung des zu verarbeitenden Materials. Anstelle von Kunststoffen oder Metallen werden beim 3D-Biodruck Zellen verwendet. Da diese lebend verarbeitet werden und auch nach dem Druckprozess vital und funktional bleiben sollen, eignen sich nur besonders schonende Druckverfahren. Eine schonende Verarbeitung bedeutet in diesem Zusammenhang, dass die Zellen während des Prozesses keinen erhöhten Temperaturen, Drücken oder einer Beanspruchung durch Scherung, also von entgegenwirkenden Kräften, und keinen toxischen oder krebserregenden Einflussfaktoren (chemische Verbindungen oder bestimmte Lichtquellen) ausgesetzt werden sollten. Vor diesem Hintergrund wurden in den vergangenen Jahren unterschiedliche 3D-Biodrucktechniken erforscht und zu kommerziellen Drucksystemen weiterentwickelt. Eine weitere Besonderheit des 3D-Biodrucks ist die komplexe Nachbehandlung der gedruckten Strukturen. Diese kann im Vergleich zum eigentlichen Drucken des dreidimensionalen Fleisch-Konstrukts deutlich mehr Zeit in Anspruch nehmen. Um die Zellen zu verdrucken, wird ein Trägermaterial benötigt, in das die Zellen eingebracht werden. Dieses Trägermaterial nennt man Hydrogel, eine hauptsächlich aus Wasser bestehende gelartige Masse. Nach dem Einbringen der Zellen in das Hydrogel spricht man von einer Biotinte. Während des Druckvorgangs werden aus dem Drucken von Biotinten sogenannte Gewebevorläufer erzeugt. Die Zellen liegen hierbei als loser Zellverband in der gedruckten Biotinte vor. Erst über einen anschließenden Reifungsprozess, der Tage bis Wochen dauern kann, entsteht aus dem Vorläufer ein funktionales Gewebe. Hierzu werden die Gewebevorläufer in Bioreaktoren unter Einsatz biochemischer, physikalischer und mechanischer Reize „trainiert" (siehe Kap. 5).

6.1.3 Übersicht über die gängigsten 3D-Biodrucktechnologien

Nachfolgend werden die prominentesten 3D-Biodrucktechnologien vorgestellt (siehe Abb. 6.1). Prinzipiell eignet sich jedes dieser Druckverfahren, um Gewebevorläufer für die Züchtung von strukturiertem Fleisch zu erzeugen.

Beim 3D-Biodruck mit Stereolithographie (siehe Abschn. 6.1.1) läuft der Prozess ab, wie im obigen Abschnitt für den konventionellen 3D-Druck beschrieben. Es können sogar baugleiche Drucksysteme hierfür eingesetzt werden. Anstelle von Harzen werden hierbei jedoch durch Belichtung aushärtbare Biotinten verwendet. Der artverwandte volumetrische 3D-Biodruck ist ein vergleichsweise junges Verfahren. Dabei wird eine belichtbare Biotinte in ein rotierendes Gefäß gefüllt. Ähnlich zur Stereolithographie wird die sich im Gefäß befindende Biotinte belichtet, allerdings während sie sich in Rotation befindet. Im Vergleich zum schichtweisen Aufbau der nicht rotierenden Stereolithographie erlaubt die

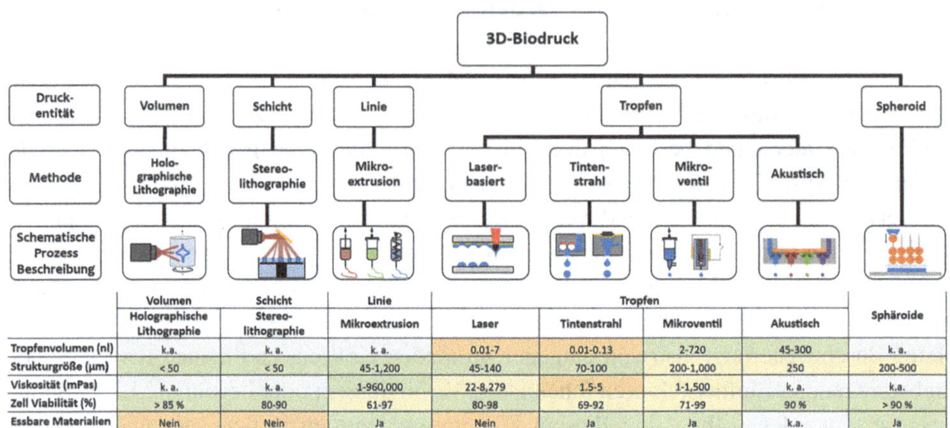

	Volumen	Schicht	Linie	Tropfen				Sphäroide
	Holographische Lithographie	Stereo-lithographie	Mikroextrusion	Laser	Tintenstrahl	Mikroventil	Akustisch	
Tropfenvolumen (nl)	k.a.	k. a.	k. a.	0.01-7	0.01-0.13	2-720	45-300	k. a.
Strukturgröße (µm)	< 50	< 50	45-1,200	45-140	70-100	200-1,000	250	200-500
Viskosität (mPas)	k. a.	k. a.	1-960,000	22-8,279	1.5-5	1-1,500	k. a.	k.a.
Zell Viabilität (%)	> 85 %	80-90	61-97	80-98	69-92	71-99	90 %	> 90 %
Essbare Materialien	Nein	Nein	Ja	Nein	Ja	Ja	k.a.	Ja

Bisherige Eignung für Fleischalternativen ☐ Hoch ☐ Mittel ☐ Niedrig

Abb. 6.1 Schematische Darstellung der unterschiedlichen Technologien, die beim 3D-Biodruck eingesetzt werden. Die Technologien sind nach der Druckentität aufgegliedert. Diese beschreibt, ob die Biotinte als Ganzes (Volumen), in Einzelschichten (Schichten), linienweise (Linie) oder tropfenweise (Tropfen) appliziert wird. Zusätzlich ist das Sphäroid-basierte Biodrucken als Sonderform aufgeführt (Spheroid). Für jedes Druckverfahren sind wichtige Parameter abgeschätzt angegeben. Die Abbildung wurde mit Genehmigung aus den Vorlesungsunterlagen von Prof. Blaeser, Institut für Biomedizinische Drucktechnik, Technische Universität Darmstadt, zum Thema Biofabrikation und 3D-Bioprinting, reproduziert

auf die Rotation abgestimmte Projektion den gleichzeitigen Aufbau der 3D-Struktur im gesamten Volumen. Dadurch ist eine deutlich schnellere Herstellung des zu druckenden Konstrukts möglich. Da das projizierte Licht jedoch das gesamte Volumen durchdringen muss, ist die Größe der zu erzeugenden Strukturen bisher jedoch limitiert. In beiden Fällen können ähnliche Strukturen im Bereich von unter 50 µm erreicht werden, was für die genaue Nachbildung von Gewebe erforderlich ist. Die erreichbare Strukturgröße hängt im Detail von unterschiedlichen Systemparametern (Auflösung des Projektors, eingesetzte Optiken) und Materialparametern (Gasaustausch, Vernetzungsgeschwindigkeiten) ab.

Bei der Mikroextrusion handelt es sich um ein Extrusionsverfahren, das im Bereich unter einem Millimeter durchgeführt wird. Es folgt in seinem Ablauf der oben beschriebenen *Fused-Filament-Fabrication.* Das Material wird hierbei in Bahnen abgelegt, die dem Druckpfad folgen. Es gibt jedoch einen wesentlichen Unterschied bei der Art und Weise des Materialauftrags. Anstelle des Aufschmelzens von aufschmelzbaren Kunststoffen wird die Biotinte über eine präzise gesteuerte Spritze, über Luftdruck oder über eine spiralförmige Schraube aus der Düse gefördert. Die Auflösung des Druckverfahrens hängt dabei vom Durchmesser der an die Spritze oder Schnecke aufgesetzten Nadel sowie vom Fließverhalten der Biotinte ab und kann zwischen 45–2000 µm betragen. Das Verfahren eignet sich besonders gut für die Verarbeitung von sehr zähflüssigen Materialien oder mit

Additiven gefüllten Biotinten geeignet (Neuhäusler et al. 2024). In Kombination mit einer feinen Nadel können hierbei jedoch erhöhte Kräfte in der Düse entstehen, die die Zellen schädigen können (Blaeser et al. 2016). Eine Möglichkeit, dieses Risiko zu minimieren, ist der Einsatz von Biotinten, die bei erhöhten Kräften flüssiger werden, oder von selbstheilenden Biotinten, die beim Drucken gezielt „brechen“ und sich anschließend wieder selbst reparieren.

Der tropfenbasierte 3D-Biodruck lässt sich am besten mit dem Verfahren des konventionellen 2D-Tintenstrahldrucks vergleichen. Dabei werden Schritt für Schritt einzelne Tropfen der Biotinte entlang des berechneten Druckpfads abgelegt. Tatsächlich können sogar die gleichen Druckköpfe für die Verarbeitung von Zellen verwendet werden. Tintenstrahldruckköpfe weisen in der Regel ein offenes Düsendesign auf, das nicht aktiv verschlossen werden kann. Das zu verarbeitende fließende Material (Flüssigkeit) wird aufgrund von Wechselwirkungen zwischen der Flüssigkeit und der Düse (Kapillarkräfte) in der Düse zurückgehalten. Durch eine sich ausbreitende Gasblase (z. B. beim thermalen Tintenstrahldruck) oder einen Druckimpuls (z. B. beim piezoelektrischen Tintenstrahldruck) kann die Flüssigkeit beschleunigt werden und die Kapillarkräfte überwinden; ein Einzeltropfen wird dabei ausgestoßen. Der Kapillareffekt-basierte Rückhaltemechanismus bedingt jedoch den Einsatz kleiner Düsendurchmesser (10–50 µm). Diese resultieren in vergleichsweise hohen Kräften in der Düse beim Ausstoß der Tropfen, die sich negativ auf die Vitalität der verarbeiteten Zellen auswirken. Aus diesem Grund wurden in den vergangenen Jahren alternative Strategien für den tropfenweisen Druck von Biotinte entwickelt. Ein prominenter Vertreter ist der Mikroventil-basierte 3D-Biodruck, bei dem deutlich größere Düsenöffnungen verwendet werden können (150–600 µm). Im Gegensatz zum Tintenstrahldruck kann die Biotinte hierbei jedoch nicht allein aufgrund der Kapillarkräfte in der Düse zurückgehalten werden. Stattdessen kommen beispielsweise elektromagnetische Ventile zum Einsatz, die aktiv geschlossen und für definierbare Zeitfenster geöffnet werden können. Die unter statischem Druck stehende Biotinte wird während der Öffnungszeit beschleunigt und in Form eines Tropfens aus der Düse befördert. Durch Variation der Düsenöffnungszeit lässt sich das ausgestoßene Tropfenvolumen außerdem definiert einstellen. Weitere Parameter, die das Tropfenvolumen und letztendlich die Auflösung beeinflussen, sind der angelegte statische Druck, der Düsendurchmesser und die rheologischen Eigenschaften der Biotinte.

Beim laserbasierten und akustischen 3D-Biodruck kann sogar vollständig auf eine Düse verzichtet werden. Daher werden diese Verfahren auch als düsenfreie Druckverfahren bezeichnet. Die zugrunde liegenden Mechanismen unterscheiden sich jedoch erheblich. Beim laserbasierten 3D-Biodruck wird ein Laser auf eine Glasscheibe, die mit einem lichtabsorbierenden Edelmetall beschichtet ist (z. B. Gold), gerichtet. Auf das Metall wird eine dünne Schicht Biotinte aufgetragen. Der Laser wird in kurzen, schnell aufeinanderfolgenden Abständen auf einzelne Spots der Glasscheibe fokussiert und von der Metallschicht absorbiert. Die aufgenommene Energie wird in Wärme umgewandelt, die zu einem lokalen Ausbilden einer Gasblase und schließlich zu einem Strahl (Jet) führt, mit dem ein

Teil der Biotinte beschleunigt und auf die gegenüberliegende Empfänger-Scheibe befördert wird. Mit diesem Verfahren können besonders kleine Tropfenvolumina (0,01–7 nl) ausgestoßen werden. Obwohl es sich um ein düsenfreies Verfahren handelt, liegt die Überlebensrate der Zellen aufgrund der auf die Flüssigkeit einwirkende Wärmeentwicklung, bei der Tropfenerzeugung im oberen Mittelfeld. Das akustische 3D-Biodrucken bedient sich einem anderen Effekt, um Einzeltropfen zu beschleunigen. Mithilfe unterschiedlich gestalteter Geräte, die kontrollierte Bewegungen oder Kräfte erzeugen können (z. B. auf Basis von Ultraschall) werden akustische Wellen auf die Oberfläche eines Flüssigkeitsbads fokussiert. Hierdurch wird ein Teil der Flüssigkeit beschleunigt und entgegen der Oberflächenspannung sowie der Gravitationskraft auf eine gegenüberliegende Bauplattform appliziert.

Die bisher dargestellten Verfahren beziehen sich auf die drucktechnische Verarbeitung von Biotinten. Dabei handelt es sich um Flüssigkeiten, die mit Feststoffen versetzt sind, also um Suspensionen aus Hydrogelen und lebenden Zellen. Hydrogele sind Lösungen, die zu einem sehr hohen Anteil aus Wasser und einem gelbildenden Material bestehen. Ein alltägliches Beispiel hierfür ist Gelatine, die auch im 3D-Biodruck verwendet wird. Erst während der Reifungsphase entsteht aus den einzelnen Zellen durch Anregung der Proliferation und Differenzierung gepaart mit Umgestaltung und Abbau des umliegenden Hydrogels ein zusammenhängender Zellverband. Demgegenüber stellt die gezielte Platzierung von Zellzusammensetzungen, bestehend aus unterschiedlichen Zelltypen (z. B. Muskelzellen oder Fettzellen), Sphäroide genannt, einen gänzlich anderen Ansatz zum Aufbau von Gewebevorläufern dar. Sphäroide sind Ansammlungen von Zellen (Zellagglomerate), die aus zehn- bis hunderttausenden Zellen bestehen. Die Agglomerate werden vor dem Druckprozess auf unterschiedlichem Wege erzeugt (z. B. mit der Hanging-Drop-Methode oder durch den Einsatz von nicht-haftenden Gefäßen für Mikroliter- Volumen) und anschließend mit Hilfe eines *Pick-and-Place*-Verfahrens, bei dem die Zellagglomerate angesaugt und dann räumlich verschoben werden können, dreidimensional platziert. Nach der Platzierung fusionieren die Sphäroide innerhalb weniger Stunden mit ihren Nachbarn. Hierdurch können Gewebevorläufer mit einer sehr hohen Zelldichte aufgebaut werden, wodurch sich die nachgelagerte Reifungsphase beschleunigen lässt.

6.2 Arten von Biomaterialien im 3D-Druck

Zur Erzeugung von 3D-biogedrucktem, kultiviertem Fleisch werden zwei unterschiedliche Klassen von Biomaterialien verwendet. Wie beim klassischen 3D-Biodruck (z. B. im Bereich der Gewebezüchtung) kommen sogenannte Biotinten als grundlegendes Baumaterial zum Einsatz. Diese bestehen aus Hydrogelen und dienen den beigemischten, lebenden Zellen als dreidimensionale Wachstumsumgebung (siehe Abb. 6.2a). Zusätzlich können proteinbasierte Gerüststrukturen oder Additive, also dem Hydrogel hinzugefügte Stoffe (z. B. Faserstoffe), verdruckt werden, um die Textur des kultivierten Fleisches zu beeinflussen (siehe Abb. 6.2b und c). Im zweiten Fall wird auch von hybridem kultiviertem Fleisch gesprochen. In den folgenden Abschnitten werden die beiden Materialklassen im Einzelnen beschrieben.

6.2.1 Biotinten: Das 3D-druckbare Wachstumsmilieu für lebende Zellen

Beim 3D-Biodruck werden sogenannte Biotinten als Druckmaterialien verwendet (siehe Abb. 6.2a). Diese umfassen in der Regel lebende Zellen, die mit einer Lösung aus Zellkulturmedien, Wachstumsfaktoren und Hydrogelen gemischt sind. Die Hydrogele sind hoch wasserhaltige Polymernetzwerke, die in ihren biochemischen und mikrostrukturellen Eigenschaften der natürlichen Umgebung einer lebenden tierischen Zelle ähneln. Diese natürliche Umgebung wird als extrazelluläre Matrix (ECM) bezeichnet. Sie besteht aus einer komplexen Zusammensetzung größerer Moleküle, die von der Zelle selbst gebildet werden. Die ECM dient in erster Linie dazu, Zellen miteinander zu verbinden und so Gewebe zu schaffen und dieses zu strukturieren. Hydrogele werden daher auch als Matrix bezeichnet.

Es werden Hydrogele synthetischen und natürlichen Ursprungs unterschieden. Natürliche Hydrogele können beispielsweise aus Pflanzen (z. B. aus der Sojabohne), aus Algen (z. B. Alginat aus der Braunalge) oder aus Tiergewebe (z. B. Kollagen aus Rinderhaut) gewonnen werden. Tierfreie Gele verfügen in der Regel nicht über Zelladhäsionsmotive. Das sind kleine Eiweißstrukturen, an denen sich Zellen anheften können. Daher können tierfreie Gele als reine Gerüststrukturen verstanden werden. Aus diesem Grund zeigen Zellen nur ein begrenztes Verhalten, was die Anlagerung an das Gel und die Bewegung innerhalb des Gels angeht. Dies führt dazu, dass die Zellen eher miteinander in Kontakt treten und Verbindungen untereinander bilden als mit dem Hydrogel. Infolgedessen bleibt das Hydrogel von den Zellen weitgehend unbeeinflusst, sodass keine Umgestaltung des Hydrogels (Matrixumbau) stattfindet.

Im Gegensatz dazu sind Hydrogele tierischen Ursprungs, wie beispielsweise Kollagene, deutlich besser für Wechselwirkungen zwischen Hydrogel und Zellen geeignet. Aufgrund der Vielzahl von Zelladhäsionsmotiven können die Zellen Kontakte mit der Matrix ausbilden, adhärieren (anheften), sich dreidimensional ausdehnen und sich im Gel bewegen (Rowley und Mooney 2002). In vielen Fällen können die Zellen das tierische Matrixmaterial umgestalten oder abbauen und so die Wachstumsumgebung aktiv verändern. Das hat den Vorteil, dass sich das entstehende zelluläre Gewebe mechanisch den Ansprüchen der Zellen anpasst, wodurch eine für die Zellen geeignete Umgebung entsteht. Zusätzlich bilden sich dadurch Gewebeeigenschaften wie mechanische Festigkeit aus, die dem natürlichen Gewebe ähnlicher sind. Hydrogele können außerdem kombiniert werden (Mischungen), um die Eigenschaften der jeweiligen Hydrogele zu vereinen. Durch die Kombination von Alginat und Gelatine kann das flüssige Alginat über Ionen zu

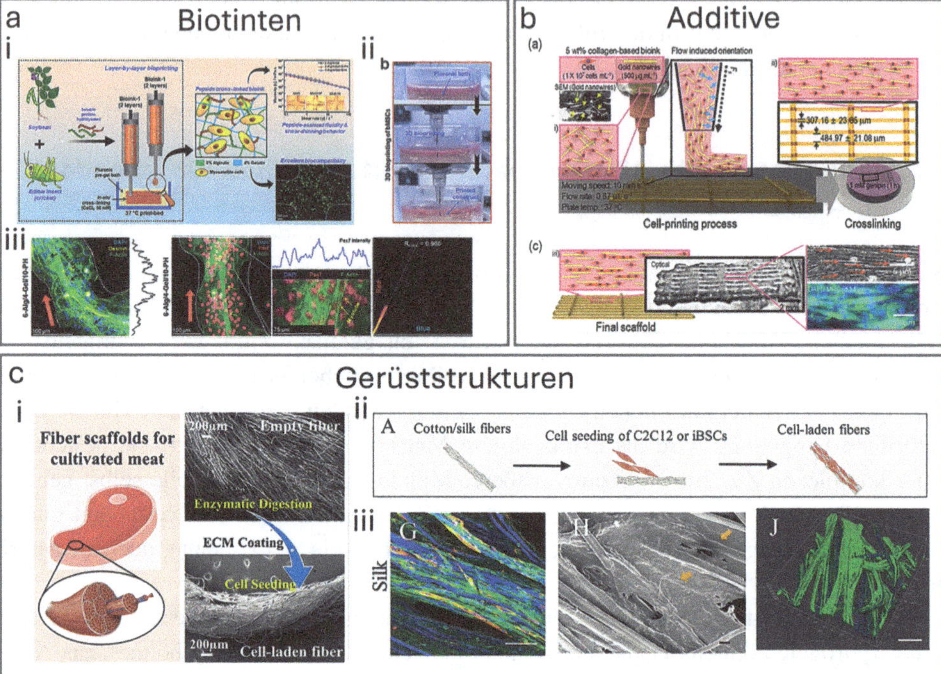

Abb. 6.2 Ausgewählte Beispiele für Biotinten, Additive und Gerüststrukturen, die von verschiedenen Forschungsgruppen entwickelt wurden. a) Anwendung essbarer Biotinten für den Multimaterial-Biodruck (i) Schematische Darstellung des Multimaterial-Biodruck-Prozesses unter Verwendung einer pflanzen- und insektenbasierten Biotinte und einer alginat- und gelatinebasierten Biotinte zur Bildung von Zellverbänden. (ii) Biodruckprozess der Biotinten in ein stabilisierendes Hydrogel, das die gedruckten Formen stabilisiert (Hydrogelbad). Es werden mesenchymale Stammzellen (MSCs) gedruckt, die sich in Muskelzellen differenzieren können. (ii) Mikroskopischer Nachweis der Differenzierung von MSCs in Myotuben, mittels leuchtender Farbstoffe von differenzierungsspezifischen Zellstrukturen (Fluoreszenzfärbung). Mit Genehmigung angepasst (Dutta et al. 2022) Copyright 2022, American Chemical Society. b) Exemplarisches Beispiel für die Verwendung von Additiven zur Ausrichtung von Muskelzellen. Elektrisch leitfähige Nanofasern werden durch Extrusion gedruckt und durch die dabei entstehenden Scherkräfte ausgerichtet. Die Anwendung eines elektrischen Feldes (hier nicht dargestellt) verstärkt die Ausrichtung zusätzlich. Fluoreszenzfärbung zum Nachweis, dass Zellen entlang der ausgerichteten Nanofasern wachsen und sich differenzieren. Mit Genehmigung angepasst (Kim et al. 2019) Copyright 2019, American Chemical Society. c) Verwendung essbarer faseriger Gerüststrukturen zum Aufbringen fleischrelevanter Zellen auf die Oberfläche (i) Darstellung des Verfahrens: Fasern werden enzymatisch behandelt, um sie essbar zu machen, und anschließend mit einer extrazellulären Matrix beschichtet, um die Zelladhäsion zu verbessern. (ii) Schematische Darstellung des Aussaatschritts zum Aufbringen von Muskelzellen auf die Fasern. (iii) Fluoreszenzfärbung – (G, J) und Rasterelektronenmikroskopie-Bilder zur hochauflösenden Abbildung der Biotinte im Mikrometerbereich (H) nach der Zellreifung. Mit Genehmigung angepasst (Li et al. 2025) Copyright 2025, Elsevier

einem stabilen Gel vernetzt werden, während Gelatine für die Zelladhäsion sorgt (siehe Abb. 6.2a).

Da das Ziel bei der Produktion von kultiviertem Fleisch darin besteht, Fleisch ohne konventionelle Tierhaltung herzustellen, ist die Verwendung von Hydrogelen tierischen Ursprungs nicht zielführend. Trotzdem finden sich aufgrund ihrer guten zellbiologischen Eignung aktuell noch immer tierische Matrixmaterialien, insbesondere Kollagen oder eine Mischung aus mehreren Matrixmaterialien (wie z. B. Matrigel), in vielen Studien zur dreidimensionalen Züchtung von Muskelgewebe und zur Demonstration der grundsätzlichen Machbarkeit des 3D-Biodrucks von Fleisch (Bomkamp et al. 2022). Um dieses Dilemma aufzulösen, besteht mittelfristig jedoch ein großer Bedarf an alternativen Materialien in diesem Bereich. Es gibt Ansätze zur Entwicklung tierischer Hydrogele, die nur geringe negative Auswirkungen auf die Umwelt haben. Dafür eignen sich unter anderem Insekten (siehe Abb. 6.2a). Zusätzlich stellt die Biofunktionalisierung von synthetischen oder pflanzlichen Hydrogelen mit Zelladhäsionsmotiven in diesem Kontext eine vielversprechende Lösung dar. Dabei werden die kleinen Eiweißstrukturen, welche das Anheften von Zellen fördern, an das Hydrogel gebunden. Dieser Prozess wird als Funktionalisierung des Hydrogels bezeichnet. Ein prominentes Beispiel für diesen Ansatz ist die Funktionalisierung von Alginat, einem Material aus der Braunalge (Rowley & Mooney 2002). Diese kleinen Eiweißstrukturen sind auch Bestandteil der natürlichen Umgebung einer Zelle, an die sich die Zellen anheften können. Eine andere Strategie besteht in der Entwicklung rekombinanter Proteine, die als Bausteine für die Herstellung von Hydrogelen dienen. In diesem Fall werden bestimmte Peptidsequenzen tierischer Proteine biotechnologisch (in Bakterien, Hefen oder Pflanzen) erzeugt. Bisher ist die Gewinnung rekombinanter Proteine jedoch noch vergleichsweise aufwendig und teuer, sodass ihr Einsatz im Bereich der Erzeugung von kultiviertem Fleisch noch nicht ökonomisch ist.

6.2.2 Gerüststrukturen und Additive als Stellschrauben zur Texturierung von kultiviertem Fleisch

Neben dem Einsatz von Biotinte sind Gerüststrukturen und Additive (Zusatzmittel) ein wichtiger Bestandteil des 3D-Biodrucks von kultiviertem Fleisch (siehe Abb. 6.2b und c). Dabei kommen bestimmte, als Nahrungsmittel zugelassene Stoffe zum Einsatz. Oftmals sind es die gleichen Materialien, die auch bei der Herstellung von pflanzlichen Fleischersatzstoffen verwendet werden, beispielsweise Proteinisolate. Dafür werden aus einer Pflanze nur die Proteine isoliert und verwendet, während alle anderen Stoffe (unter anderem Zucker und Fette) verworfen werden. Es werden jedoch auch neue Materialien getestet, wie beispielsweise Seide aus Insekten oder mit Enzymen behandelte Pflanzenfasern, um diese verdaubar zu machen (siehe Abb. 6.2c). Diese können in gelöster Form mittels 3D-Druck aufgetragen und durch einen Vernetzungs- oder Aushärteprozess zu porösen Gerüststrukturen verarbeitet werden. Diese stellen eine geeignete Oberfläche für die Anheftung der Zellen bereit (siehe Abb. 6.2c). Alternativ können die Stoffe zu Additiven verarbeitet werden. Ein Beispiel hierfür ist die Herstellung von Fasern mittels Spinnprozess, die der Biotinte beigemischt und mittels 3D-Biodruck in Form gebracht werden (siehe Abb. 6.2b). Durch Anpassung der Druckparameter (z. B. der in der Düse wirkenden Kräfte) können die Fasern während des Druckvorgangs entlang einer Achse ausgerichtet werden. Darüber hinaus können Ansätze wie elektrische Felder verwendet werden, um geladene Fasern auszurichten. Dadurch können sich die Muskelzellen entlang der gemeinsamen Achse in eine bestimmte Richtung differenzieren. Auf diese Weise lässt sich ein hoher Grad an Muskelfaserentwicklung erzielen (siehe Abb. 6.2b). Die Hauptfunktion der Gerüststrukturen und Additive liegt in der Modulierung der sensorischen Eigenschaften des kultivierten Fleisches. Faserbasierte Additive können beispielsweise die Textur des Fleisches beeinflussen und so zu einem natürlicheren Mundgefühl beitragen. Darüber hinaus können die Additive auch als eine zusätzliche Nährwertquelle betrachtet werden, mit der sich beispielsweise der Proteingehalt erhöhen lässt.

Die Gerüststrukturen und Additive können entweder temporär eingesetzt und abbaubar gestaltet werden, um das Zellverhalten zu steuern (z. B. die Ausrichtung und Organisation von Muskelfasern; siehe Abb. 6.2b), oder als dauerhafter Zusatzstoff, der die Textur des Fleisches bestimmt. Je nach Art der Anwendung der Zusatzstoffe kann zwischen rein zellbasiertem Fleisch (keine oder nur temporärer Einsatz der Zusatzstoffe) und hybridem kultivierten Fleisch unterschieden werden. Ein prominentes Beispiel für den ersten Fall ist der Einsatz von temporär eingesetzten Mikrofasern auf Kollagenbasis oder die Ausrichtung der Hydrogelstruktur durch elektrische Felder. Diese verhelfen den Muskelzellen zu einer verbesserten Orientierung und effizienteren Differenzierung in Muskelfasern. Die finale Textur wird also nur indirekt durch die Fasern gesteuert und stattdessen maßgeblich durch die Muskelzellen gestaltet. Anders verhält es sich im zweiten Fall. Dauerhaft im hybrid kultivierten Fleisch verbleibende Gerüststrukturen oder Additive können die Textur direkt beeinflussen und somit zu den charakteristischen sensorischen Eigenschaften beitragen.

6.3 Steuerung der Struktur und Textur des Endprodukts im 3D-Druck

Die Möglichkeit, kultiviertes Fleisch mit einer Strukturierung bzw. Texturierung aufzubauen, ist der wesentliche Grund für den Einsatz von 3D-Biodrucktechnologie. Dieses Ziel kann durch unterschiedliche Druckstrategien und die Materialauswahl erreicht werden (siehe Abb. 6.3a). Je nach Umsetzung lassen sich drei Stufen der Komplexität der Strukturierung erreichen. Der ersten Stufe liegt die dem Druckprozess inhärente Materialstrukturierung zugrunde. Allein durch den drucktechnischen Auftrag der Biotinte entstehen aus einem Material Bahnen, Stränge und Muster mit hoher geometrischer Komplexität, mit denen sich definierte Struktureigenschaften erzielen lassen (z. B. Form, Größe, Mechanik, Porosität; siehe Abb. 6.3a).

In der zweiten Stufe kann die Komplexität des zu druckenden Konstrukts durch Hinzuziehen zusätzlicher Biotinten erhöht werden. Beim sogenannten Multimaterialdruck können zwei oder mehr Biotinten mit hoher Genauigkeit auf eine Oberfläche aufgetragen werden (siehe Abb. 6.3a und b). Hierdurch lassen sich fleischähnliche Formen mit einem hohen Grad der Materialstrukturierung aufbauen. So können beispielsweise einzelne Bestandteile des zu druckenden Konstrukts mit Muskelzellen und mit Fettzellen unter kontrollierten Bedingungen erzeugt werden. Dadurch lässt sich die Fettmaserung von natürlichem Fleisch nachahmen. Die verschiedenen Biotinten können abwechselnd oder nacheinander gedruckt werden, um das fertige Konstrukt zu bilden (siehe Abb. 6.3a). Ein weiterer Ansatz besteht darin, die einzelnen Biotinten separat zu drucken und sie gegebenenfalls zu kultivieren, bevor sie zum endgültigen Konstrukt zusammengefügt werden (siehe Abb. 6.3b). Dies hat den Vorteil, dass eine komplexe Ko-Kultivierung mehrerer Zelltypen (z. B. Muskel- und Fettzellen) vermieden werden kann. Auch der hybride Druck von Gerüststrukturen (siehe Abschn. 6.2.2) und Biotinten zählt zur Strategie des Multimaterialdrucks.

Während die ersten beiden Komplexitätsstufen auf die Makrostruktur, also die mit dem Auge erkennbare Struktur, des Fleisches, abzielen, bezieht sich die dritte Stufe gezielt auf die Beeinflussung der Meso- und Mikrostruktur, die nicht mit dem Auge sichtbar ist. Dabei steht vor allem die Nachbildung der Struktur von Muskelfasern im Vordergrund, die dem natürlichen Fleisch seine charakteristische Textur verleihen. Dies ist auf zwei unterschiedlichen Wegen möglich: durch biomimetische (die Natur exakt nachahmende) oder biohybride (die Kombination aus natürlichen und künstlichen) Ansätze. Bei der biomimetischen Strukturierung wird die natürliche Entstehung (Genese) von Muskelgewebe (Myogenese) induziert (siehe Abb. 6.3b und c). Dem 3D-Biodruckvorgang schließt sich hierbei ein mehrtägiger Reifungsprozess an, in dem die 3D-biogedruckten Fleischvorläufer zu Muskelgewebe konditioniert werden (siehe Abb. 6.3b–d). Nach dem Druckvorgang liegen die Zellen in der strukturierten Biotinte zunächst als vereinzelte Myoblasten (Muskelstammzellen) vor. Diese müssen zu Myozyten (einzelne Skelettmuskelzellen) differenziert werden. Durch weiterführende Differenzierungsvorgänge fusionieren mehrere Myozyten zunächst zu Myotuben (gestreckten mehrkernigen Zellen; frühes Entwicklungsstadium von Myofasern) und schließlich zu reifen Muskelfasern (mehrkernige, vollständig differenzierte Muskelzellen), die als Grundeinheit des Muskelgewebes angesehen werden (siehe Abb. 6.3c). Im Vergleich zu rein pflanzlichem Fleischersatz tragen die Myotuben in diesem Fall nicht nur zur Texturierung bei, sondern auch zur natürlichen Geschmacksbildung und Nährwertbalance des kultivierten Fleisches. Daher ist es wichtig, während der Reifungsphase einen hohen Grad an Myotubusbildung zu erreichen. Zu diesem Zweck werden die Hydrogele entweder durch den Druck selbst strukturiert, wie beim Extrusionsdruck (siehe Abb. 6.3b), oder durch Nachbehandlungsschritte, wie beispielsweise die

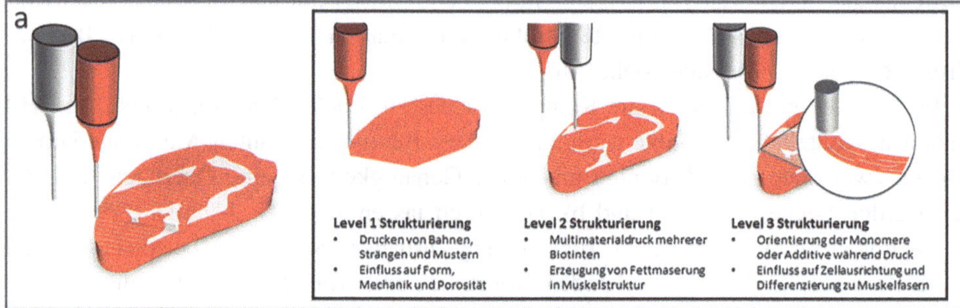
a
Level 1 Strukturierung
• Drucken von Bahnen, Strängen und Mustern
• Einfluss auf Form, Mechanik und Porosität
Level 2 Strukturierung
• Multimaterialdruck mehrerer Biotinten
• Erzeugung von Fettmaserung in Muskelstruktur
Level 3 Strukturierung
• Orientierung der Monomere oder Additive während Druck
• Einfluss auf Zellausrichtung und Differenzierung zu Muskelfasern

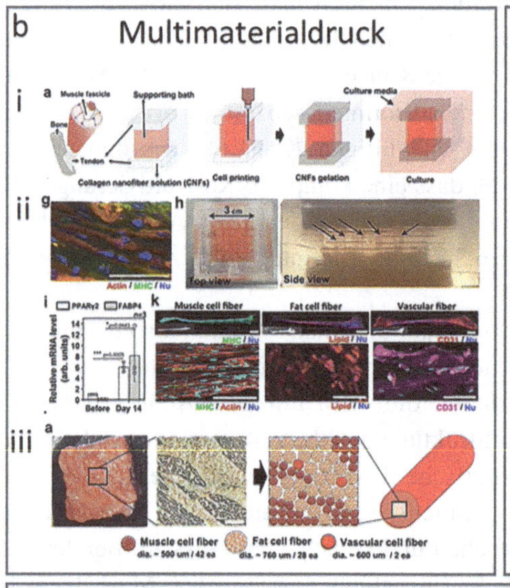
b
Multimaterialdruck
i
ii
iii
Muscle cell fiber
Fat cell fiber
Vascular cell fiber

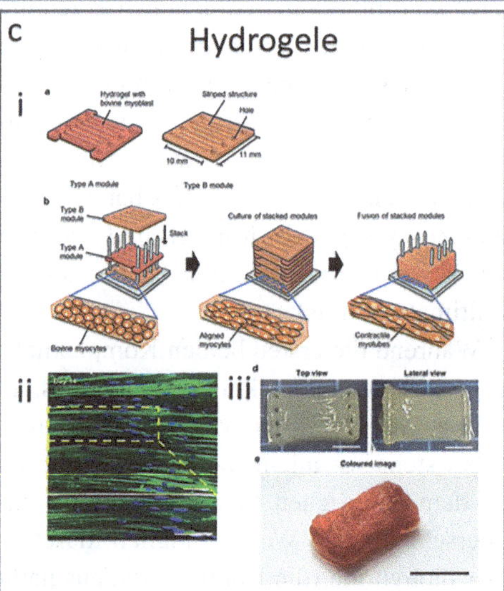
c
Hydrogele
i
ii
iii

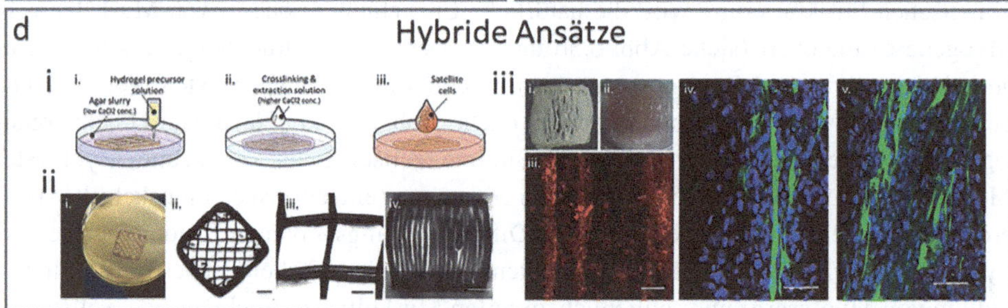
d
Hybride Ansätze
i
ii
iii

◄**Abb. 6.3** Repräsentative Beispiele für Herstellungsverfahren, die von verschiedenen Forschungsgruppen im Bereich strukturierten (hybriden) kultivierten Fleisches entwickelt wurden. a) Schematische Übersicht über die drei Ebenen von Biotinten und Zellstrukturierung beim 3D-Bioprinting von kultiviertem Fleisch. b) Multimaterialdruck von drei verschiedenen Zelltypen für kultiviertes Fleisch. (i) Schematische Übersicht über den 3D-Druckprozess, bei dem die Biotinten in ein stabilisierendes Hydrogelbad gedruckt werden. (ii) Fluoreszenzmikroskopischer Nachweis der Reifung von Muskelzellen (oben links und unten links), Fettzellen (unten Mitte) und vaskuläre Zellen (unten rechts) sowie optische Bilder der gedruckten Biotinten (oben Mitte und rechts). (iii) Kultiviertes Fleisch, zusammengesetzt aus den einzelnen gereiften Biotintenfasern. Mit Genehmigung angepasst (Kang et al. 2021) Copyright 2021, Springer Nature. c) Biomimetischer Ansatz, bei dem ein Hydrogel mit einem Stempel strukturiert wurde, um eine gezielte Zelldifferenzierung zu Myotuben zu erreichen, sowie die schematische Darstellung der dimensionalen Vergrößerung des Fleischkonstrukts durch Stapeln der einzelnen Biotintenschichten und des Reifungsprozesses der Muskelzellen. (ii) Fluoreszenzmikroskopischer Nachweis der Myotubusbildung. (iii) Kultiviertes Fleischkonstrukt. Mit Genehmigung angepasst (Furuhashi et al. 2021) Copyright 2021, Springer Nature. d) Hybrider Ansatz zur Kultivierung von Muskelzellen auf einer 3D-gedruckten essbaren Gerüststruktur. (i) Schematische Darstellung des 3D-Drucks einer pflanzlichen Hydrogel-Lösung in ein stabilisierendes Hydrogelbad sowie des Vernetzungsprozesses des Gerüsts und der Aussaat von Zellen auf die Oberfläche der Gerüststruktur. (ii) Makroskopische und mikroskopische Bilder der gedruckten Gerüststruktur. (iii) Kultiviertes Hybridkonstrukt mit fluoreszenzmikroskopischen Bildern des Zellwachstums (rot) und der Myotubusentwicklung (grün). Mit Genehmigung angepasst (Ianovici et al. 2022) Copyright 2022, Elsevier

Verwendung von Stempeln (siehe Abb. 6.3c). Auch der Einsatz von (temporären) Additiven oder Gerüststrukturen (siehe Abschn. 6.2.2) kann die Orientierung und Ausrichtung der Myoblasten unterstützen und somit den Reifungsprozess (z. B. die Fusion der Myoblasten) beschleunigen (siehe Abb. 6.3c). Nach dem aktuellen Stand der Technik ist es nach der Reifungsphase weiterhin erforderlich, die reifen Myotuben zu einem fertigen Konstrukt zusammenzufügen, da eine Zellschicht, die dicker als ca. 300 µm ist, nicht mehr ausreichend mit Nährstoffen und Sauerstoff versorgt werden kann. Die Grenze, bis zu der Nährstoffe und Gase nicht mehr in das Konstrukt eindringen können, nennt man Diffusionsgrenze. Zu diesem Zweck können die reifen Myotuben mit verschiedenen Methoden zusammengefügt werden (siehe Abb. 6.3b und c).

Die biohybride Meso- und Mikrostrukturierung stellt eine Abkürzung für den natürlichen Reifungsvorgang dar. Neben dem Ansatz, Additive in die Biotinte zu integrieren, kann die Textur von Muskelfasern auch durch eine gedruckte Gerüststruktur nachgeahmt werden (siehe Abb. 6.3d). Dabei wird die Textur der Muskelfasern entweder durch eine parallel zur Biotinte gedruckte Gerüststruktur oder durch in die Biotinte integrierte Additive nachgeahmt (siehe Abb. 6.3d). Dieser Prozess ähnelt der Herstellung von rein pflanzlichen Fleischalternativen, bei der pflanzliche, proteinreiche Biotinten unter hohem Druck und bei hohen Temperaturen durch einen Extruder gepresst werden (siehe Abb. 6.3d). Die Gerüststrukturen können dann mittels Biodruck mit Biotinten vervollständigt werden. Alternativ werden die im Kulturmedium suspendierten Zellen auf die Gerüststruktur aufgebracht, wo sie zweidimensional an der Oberfläche haften bleiben (siehe Abb. 6.3d). Die Textur ist also unabhängig vom Differenzierungszustand der in der Biotinte vorliegenden Myoblasten, wodurch die Reifungsphase beim gedruckten Hybridfleisch verkürzt oder umgangen werden kann. Im Gegensatz zu rein pflanzlichen Fleischalternativen liefern die in den Biotinten enthaltenen Zellen (z. B. Myozyten und Fettzellen) jedoch auch beim hybriden Fleisch einen wichtigen Beitrag zur natürlichen Geschmacksbildung und Nährwertbalance. Eine Nachreifung kann abhängig vom Reifegrad den Nährwert, die Textur, die Kocheigenschaften und den Geschmack weiter verbessern (siehe Abb. 6.3d).

6.4 Herausforderungen bei der Herstellung von strukturierten Fleischprodukten

Die Herstellung strukturierter Fleischprodukte ist mit einer Reihe von Herausforderungen verbunden, die sich aus den umfangreichen materialwissenschaftlichen, zellbiologischen und prozesstechnischen Anforderungen ergeben. Schon die Berücksichtigung dieser einzelnen Anforderungen ist eine große Herausforderung, die sich in der Summe weiter potenziert.

6.4.1 Materialwissenschaftliche Anforderungen

Die Entwicklung eines für den 3D-Biodruck geeigneten Materialsystems, das aus Biotinte und Gerüststrukturen bzw. Additiven besteht, ist eine mehrdimensionale Herausforderung. Mit Blick auf die Biotinte müssen die Anforderungen an Biofunktionalität (z. B. Verfügbarkeit von Zelladhäsionsmotiven), 3D-Druckbarkeit und mechanische Stabilität erfüllt werden. Erschwerend kommt hinzu, dass hierbei im Idealfall auf Hydrogele tierischen Ursprungs verzichtet werden sollte, wodurch sich das ohnehin schmale Fenster der Materialverfügbarkeit weiter verengt. Zusätzlich müssen bei der Herstellung von strukturiertem Fleisch insbesondere die zellspezifischen Anforderungen an die einzelnen Gewebekompartimente (z. B. Muskel- und Fettgewebe) berücksichtigt werden (Lee et al. 2024). Unter Umständen sind hierzu verschiedene Materialformulierungen erforderlich, die beispielsweise die Unterschiede im mechanischen Verhalten der beiden Gewebetypen berücksichtigen. Eine weitere Herausforderung ist die Auswahl eines geeigneten Vernetzungssystems, das mit den Anforderungen an die Nahrungsmittelverträglichkeit vereinbar ist. Auch bei den Gerüststrukturmaterialien gibt es zahlreiche Hürden zu beachten. Genau wie die verwendete Biotinte sollte die Materialformulierung der Gerüststruktur auf verträglichen Nahrungsmitteln basieren, eine gute Druckbarkeit aufweisen, über einen für Zellen verträglichen Vernetzungsmechanismus verfügen und frei von tierischen Bestandteilen sein. Gleichzeitig werden eine definierte mechanische Festigkeit und Elastizität des

Materials gefordert, um die mechanischen Eigenschaften des kultivierten Fleisches nicht zu verfälschen. Optional ist ein hoher Nährwertgehalt (z. B. Proteingehalt) erstrebenswert.

Schließlich stellt auch die Sicherstellung des Multimaterialverbands eine große Herausforderung dar. Gerade an den Schnittstellen zwischen Gerüststruktur und Biotinte oder zwischen zwei Biotinten besteht das Risiko der Ablösung, welches unter Last oder thermischer Beanspruchung (z. B. beim Braten) zu einem unnatürlichen Zerfallen des kultivierten Fleisches führen würde (Zagury et al. 2022).

6.4.2 Biologische Anforderungen

Die biologischen Herausforderungen beim Aufbau von strukturiertem Fleisch spiegeln sich in den hohen Anforderungen an die Biofunktionalität des Materialsystems sowie in den Anforderungen an die Verträglichkeit der Prozesstechnik gegenüber Zellen wider (siehe vorheriger und nächster Abschnitt). Darüber hinaus werden besondere Anforderungen an die Kulturbedingungen gestellt. Sowohl Wachstums- als auch Differenzierungsmedien müssen auf die jeweiligen Zelltypen abgestimmt sein. Dies stellt insbesondere bei der Ko-Kultivierung unterschiedlicher Zelltypen (z. B. Myoblasten und Fettgewebestammzellen) jedoch eine Herausforderung dar (Volz et al. 2018). Eine weitere Hürde ist das bereits oben erwähnte Diffusionslimit von Nährstoffen und Gasen (wie Sauerstoff und Kohlenstoffdioxid) in Biotinten (Griffith et al. 2005). Bei Gewebevorläufern, die eine Dicke von einigen hundert Mikrometern überschreiten, müssen daher Poren, Kanäle oder Gefäße vorgesehen werden, um die Ausbildung von Arealen zu vermeiden, in denen die Zellen absterben.

6.4.3 Prozesstechnische Anforderungen

Aus prozesstechnischer Sicht sind zwei Anforderungen für den Aufbau von strukturiertem Fleisch grundlegend. Einerseits muss der Prozess den strukturierten Aufbau unterschiedlicher Materialien (Biotinten und Gerüststrukturen) unter zellverträglichen Bedingungen ermöglichen. Andererseits ist die Skalierung des Herstellungsprozesses essenziell, um mittelfristig eine wirtschaftlich tragfähige Alternative zu natürlichem Fleisch anbieten zu können.

Gerade für die erste Anforderung stellt der 3D-Biodruck eine sinnvolle und erfolgreich erprobte prozesstechnische Lösung dar. Dabei muss die Auswahl des geeigneten Druckprozesses auf die Materialeigenschaften der Biotinte oder der Gerüststruktur abgestimmt werden. Außerdem müssen die zellbiologischen Anforderungen an einen zytokompatiblen Prozess berücksichtigt werden, beispielsweise die Resilienz gegenüber Schubspannungen oder thermischer Belastung. Eine Reihe erfolgreicher Studien sind ein Beleg dafür, dass sich diese beiden Anforderungen sowohl für Muskel- als auch für Fettgewebe mittels 3D-Biodruck erfüllen lassen (Dutta et al. 2022; Goldfracht et al. 2024; Kang et al. 2021). Die Skalierung des 3D-Biodrucks stellt jedoch nach wie vor eine große Herausforderung dar. Die gängigen 3D-Biodrucksysteme wurden ursprünglich für die individualisierte Gewebezüchtung (z. B. von Implantaten oder Organen) entwickelt. Vor diesem Hintergrund war ihr vergleichsweise geringer Durchsatz von ca. 2 kg/h, der nicht auf die Massenproduktion ausgelegt war, kein Hindernis. Anders verhält es sich bei der Herstellung von strukturiertem, kultiviertem Fleisch. Im Vergleich zur Anforderung an einen skalierbaren Prozess, der tauglich für die Massenproduktion ist, spielt die Personalisierung des einzelnen Gewebes nur eine untergeordnete Rolle. Trotz erster vielversprechender Ansätze bietet die Skalierung des Druckprozesses noch umfangreiches Forschungs- und Entwicklungspotenzial. Dabei stehen bei der Skalierung zwei Aspekte im Vordergrund: die Erhöhung des Durchsatzes und des Produktionsvolumens bei gleichzeitiger Reduktion der massebezogenen Produktionskosten. Eine vielversprechende Technologie, die beide Punkte ohne Abstriche hinsichtlich der Zellverträglichkeit adressiert, ist beispielsweise der 3D-Bio-Siebdruck. Diese Technologie wird aktuell für die Anwendung im Bereich des kultivierten Fleisches erforscht (Maatz & Blaeser 2022). Dabei werden essbare Materialien, wie proteinbasierte Hydrogele sowie lebende Zellen, im Siebdruck zu strukturiertem Fleisch verarbeitet.

6.5 Ausblick

Um Fleischalternativen wie kultiviertes Fleisch für eine breite Konsumierendenschicht attraktiv zu machen, sind neben unstrukturierten Produkten wie Hackfleisch auch strukturierte Fleischprodukte wie Steaks erforderlich. Um diese in hoher Qualität herzustellen, eignet sich das Konzept des 3D-Biodrucks. Dabei wird die natürliche Struktur von echtem Fleisch schichtweise nachgebildet. Die Herausforderung besteht nun darin, die bisher im Labor funktionierenden Ansätze und Prozesse in die industrielle Ebene zu überführen. Neben der kostengünstigen Produktion von Biomaterialien und Zellen muss dazu auch der Durchsatz der 3D-Biodruckprozesse skaliert werden. Zusätzlich müssen die Produktionsschritte ressourcensparend sein. Gelingt dies, hängt die Markteinführung von kultiviertem Fleisch als klimaneutrale Alternative zu landwirtschaftlich produziertem Fleisch einzig von der regulatorischen Zulassung der internationalen Staaten, der Aufklärung der Bevölkerung und der Akzeptanz der Konsument*innen ab.

Literatur

Blaeser A, Duarte Campos DF, Puster U et al (2016) Controlling shear stress in 3D bioprinting is a key factor to balance printing resolution and stem cell integrity. Adv Healthc Mater 5(3):326–333. https://doi.org/10.1002/adhm.201500677

Bomkamp C, Skaalure SC, Fernando GF et al (2022) Scaffolding biomaterials for 3D cultivated meat: prospects and challenges. Adv Sci 9(3):2102908. https://doi.org/10.1002/advs.202102908

Dutta SD, Ganguly K, Jeong MS et al (2022) Bioengineered lab-grown meat-like constructs through 3D bioprinting of antioxidative protein hydrolysates. ACS Appl Mater Interfaces 14(30):34513–34526. https://doi.org/10.1021/acsami.2c10620

Furuhashi M, Morimoto Y, Shima A et al (2021) Formation of contractile 3D bovine muscle tissue for construction of millimetre-thick cultured steak. npj Sci Food 5(1):6. https://doi.org/10.1038/s41538-021-00090-7

Goldfracht I, Machour M, Michael I et al (2024) 3D bioprinting of thick adipose tissues with integrated vascular hierarchies. Adv Functl Mater 35(12):2410311. https://doi.org/10.1002/adfm.202410311

Griffith CK, Miller C, Sainson RC (2005) Diffusion limits of an in vitro thick prevascularized tissue. Tissue Eng 11(1–2):257–266. https://doi.org/10.1089/ten.2005.11.257

Ianovici I, Zagury Y, Redenski I et al (2022) 3D-printable plant protein-enriched scaffolds for cultivated meat development. Biomater 284:121487. https://doi.org/10.1016/j.biomaterials.2022.121487

Kang DH, Louis F, Liu H et al (2021) Engineered whole cut meat-like tissue by the assembly of cell fibers using tendon-gel integrated bioprinting. Nat Commun 12(1):5059. https://doi.org/10.1038/s41467-021-25236-9

Kim W, Jang CH, Kim GH (2019) A myoblast-laden collagen bioink with fully aligned Au nanowires for muscle-tissue regeneration. Nano Lett 19(12):8612–8620. https://doi.org/10.1021/acs.nanolett.9b03182

Lee M, Park S, Choi B et al (2024) Cultured meat with enriched organoleptic properties by regulating cell differentiation. Nat Commun 15(1):77. https://doi.org/10.1038/s41467-023-44359-9

Li X, Sim D, Wang Y et al (2025) Fiber-based biomaterial scaffolds for cell support towards the production of cultivated meat. Acta Biomater 191:292–307. https://doi.org/10.1016/j.actbio.2024.11.006

Maatz R, Blaeser A (2022) 3D-BioScreenPrint: a novel bioprinting approach for high scale production of cultured meat-resembling multi-layered bioink sheets. https://doi.org/10.26083/tuprints-00020710

Neuhäusler A, Rogg K, Schröder S et al (2024) Electrospun microfibers to enhance nutrient supply in bioinks and 3D-bioprinted tissue precursors. Biofabrication 17(1). https://doi.org/10.1088/1758-5090/ad9d7a

Rowley JA, Mooney DJ (2002) Alginate type and RGD density control myoblast phenotype. J Biomed Mater Res 60(2):217–223. https://doi.org/10.1002/jbm.1287

Volz AC, Hack L, Atzinger FB et al (2018) Completely defined co-culture of adipogenic differentiated ASCs and microvascular endothelial cells. Altex 35(4):464–476. https://doi.org/10.14573/altex.1802191

Zagury Y, Ianovici I, Landau S et al (2022) Engineered marble-like bovine fat tissue for cultured meat. Commun Biol 5(1):927. https://doi.org/10.1038/s42003-022-03852-5

BY

Ökologische Nachhaltigkeit von kultiviertem Fleisch

7

Anisiya Pavlova und Hanna L. Tuomisto

Zusammenfassung

Im Vergleich zu ihrem ökologischen Fußabdruck ist die traditionelle Viehzucht eine ineffiziente Methode zur Proteinversorgung. Kultiviertes Fleisch, das mit einem Minimum an tierischem Material in Bioreaktoren hergestellt wird, ist für Verbraucher*innen, die nicht bereit sind, ihre Ernährung auf pflanzliche Lebensmittel umzustellen, eine vielversprechende Alternative zu konventionellem Fleisch. Prospektive Lebenszyklusanalysen deuten darauf hin, dass kultiviertes Fleisch das Potenzial besitzt, den Flächenverbrauch und die Eutrophierung zu verringern sowie positive Effekte auf die Biodiversität und aquatische Ökosysteme zu entfalten. Der Produktionsprozess ist jedoch energieintensiv, sodass die Umweltauswirkungen maßgeblich von den eingesetzten Energiequellen abhängen. Auch wenn die Technologien für kultiviertes Fleisch bislang nicht vollständig ausgereift sind und mit Unsicherheiten verbunden sein können, lassen sich mögliche ökologische Vorteile durch effizientere Produktionsprozesse und den Einsatz nachhaltiger Energiequellen weiter erhöhen.

Der Beitrag wurde vom Englischen ins Deutsche übersetzt.

A. Pavlova (✉) · H. L. Tuomisto
Future Sustainable Food Systems – Research Group, Department of Agricultural Sciences, Faculty of Agriculture and Forestry/Helsinki Institute of Sustainability Science (HELSUS), Universität Helsinki, Helsinki, Finnland
E-Mail: anisiya.pavlova@helsinki.fi

H. L. Tuomisto
E-Mail: hanna.tuomisto@helsinki.fi

N. Lin-Hi und I. Blumberg (Hrsg.), *Kultiviertes Fleisch,* SDG – Forschung, Konzepte, Lösungsansätze zur Nachhaltigkeit, https://doi.org/10.1007/978-3-662-73361-5_7

7.1 Einleitung

Wir leben in einer Zeit, in der die Umwelt unseres Planeten durch menschliches Handeln so stark belastet wird wie nie zuvor. Sechs der neun planetaren Belastungsgrenzen wurden bereits überschritten, was zum Teil irreversible Folgen für die Gesundheit unseres Planeten hat (Richardson et al. 2023). Das globale Ernährungssystem trägt wesentlich zu dieser Entwicklung bei. Es verursacht mehr als ein Viertel der menschengemachten Treibhausgasemissionen, etwa 32 % der Bodenversauerung und fast 78 % der weltweiten Eutrophierung der Meere und Süßgewässer, also der Verschlechterung der Wasserqualität durch einen Überschuss an Nährstoffen. Zudem beansprucht es etwa 37 % der bewohnbaren Landfläche (Poore & Nemecek 2018). Der Großteil dieser Belastungen entsteht in der landwirtschaftlichen Phase der Nahrungsmittelproduktion. Rund 80 % der weltweiten landwirtschaftlichen Nutzfläche werden für die Produktion von Fleisch und Milchprodukten genutzt – entweder direkt oder für den Anbau von Futtermitteln (Ritchie et al. 2019). Dies hat unter anderem Entwaldung, den Verlust der biologischen Vielfalt und die Verringerung der ökologischen Widerstandsfähigkeit zur Folge. Zudem werden zwei Drittel der weltweiten Süßwasserentnahme für die Bewässerung in der Landwirtschaft verwendet, was erheblich zur globalen Wasserknappheit beiträgt (Poore & Nemecek 2018).

Gleichzeitig deckt ein Mensch im Durchschnitt weltweit nur 26 % seines täglichen Proteinbedarfs mit Fleisch (6,2 % entfallen auf Fisch und Meeresfrüchte, 20 % auf Rind-, Schweine- und Geflügelfleisch sowie anderes Fleisch) (FAO 2023b). Dies verdeutlicht, dass die traditionelle Viehzucht keine besonders effiziente Art der Proteinversorgung ist. Dennoch hat sich die weltweite Fleischproduktion zwischen 1961 und 2022 verfünffacht (FAO 2023a), und es wird prognostiziert, dass sie aufgrund des Bevölkerungs- und Wirtschaftswachstums weiter steigen wird (Alexandratos & Bruinsma 2012).

Als mögliche Lösungen für diesen besorgniserregenden Trend gelten alternative Proteine auf pflanzlicher Basis oder aus neuartigen Quellen. Studien zeigen, dass viele Menschen Fleisch vor allem deshalb einer veganen Ernährung vorziehen, weil ihnen der Geschmack von Fleisch wichtig ist. Dies stellt ein wesentliches Hindernis für eine Reduktion des Fleischkonsums dar (Koch et al. 2021; Northrope et al. 2024; Rosenfeld et al. 2024). Kultiviertes Fleisch, das unter sterilen Bedingungen in Bioreaktoren mit einem Minimum an tierischem Ausgangsmaterial hergestellt wird, könnte eine Lösung für das Problem des steigenden Fleischkonsums bieten, ohne dass Verbrauchende eine radikale Umstellung auf eine vegetarische Ernährung vornehmen müssen.

Mithilfe von Lebenszyklusanalysen werden die Umweltauswirkungen proteinreicher Lebensmittel abgeschätzt. Diese Analysen sind eine weit verbreitete Methode, um die Auswirkungen von Produkten und Dienstleistungen auf die natürliche Umwelt und die menschliche Gesundheit zu bewerten. In diesem Kapitel wird die Lebenszyklusanalyse als Instrument zur Bewertung der Umweltauswirkungen von kultiviertem Fleisch vorgestellt, die wichtigsten Belastungsschwerpunkte innerhalb der Produktionssysteme identifiziert und die Umweltauswirkungen mit denen anderer proteinreicher Lebensmittel verglichen.

7.2 Lebenszyklusanalysen: Warum sind sie wichtig?

Die Lebenszyklusanalyse ist ein international anerkanntes, durch die ISO-Normen 14040/14044 (2006a, b) standardisiertes Instrument zur Untersuchung der Umweltauswirkungen von Produkten und Dienstleistungen während ihres gesamten Lebenszyklus – von der Rohstoffgewinnung bis zur Entsorgung. Wenn von Konzepten wie dem CO_2-Fußabdruck die Rede ist, sind damit die Treibhausgasemissionen eines Produkts während seines gesamten Lebenszyklus gemeint. Diese umfassen die Rohstoffgewinnung, die Verarbeitung der verwendeten Materialien, den Energieverbrauch während der Herstellung und Nutzung sowie die Entsorgung, Wiederverwendung oder das Recycling. Bei Lebensmitteln umfasst die Lebenszyklusanalyse in der Regel die Phasen von der Rohstoffgewinnung bis zum Werkstor.

Die Lebenszyklusanalyse liefert ein umfassendes Bild aller während des Lebenszyklus eines Produkts eingesetzten Materialien und Energiemengen und rechnet diese Inputs in entsprechende Umweltwirkungen um. Je nach Art der Emissionen oder des Ressourcenverbrauchs während des Lebenszyklus werden diese Auswirkungen in verschiedene Umweltwirkungsindikatoren klassifiziert. Ein Beispiel ist das Erderwärmungspotenzial, das in Treibhausgasemissionen (in Kilogramm CO_2-Äquivalente) gemessen wird. Der Detaillierungsgrad dieser Methode erlaubt es, diejenigen Prozesse oder Materialien zu identifizieren, die besonders stark zur Umweltbelastung eines Produkts beitragen. Zudem lassen sich unterschiedliche Szenarien vergleichen, in denen bestimmte Lebenszyklusphasen auf verschiedene Weise modelliert werden. Dies liefert eine wichtige Grundlage für nachhaltigere Entscheidungen.

Je nachdem, ob ein bestehendes Produkt oder ein Produkt einer aufkommenden Technologie betrachtet wird, können Lebenszyklusanalysen in zwei Gruppen unterteilt werden. Konventionelle Lebenszyklusanalysen betrachten ein bestehendes Produkt mit einem in der Gegenwart verankerten Lebenszyklus. Prospektive Lebenszyklusanalysen hingegen modellieren ein zukünftiges Produkt (Arvidsson et al. 2018). Der Vorteil prospektiver Lebenszyklusanalysen liegt darin, dass sie als Teil der Entwicklung neuer Technologien zur Verbesserung der Produktnachhaltigkeit (auch Ökodesign genannt) eingesetzt werden können. Die Herausforderung dabei ist jedoch, dass es an Wissen darüber mangelt, wie die Technologie im industriellen Maßstab in Zukunft tatsächlich aussehen wird.

Insgesamt helfen Lebenszyklusanalysen dabei, Hotspots, also Bereiche mit den größten Umweltauswirkungen von Produkten, zu identifizieren. Dadurch ermöglichen sie gezielte Verbesserungen und den Vergleich verschiedener Produkte oder Prozesse und liefern wertvolle Informationen für Verbraucher*innen, politische Entscheidungsträger*innen und Unternehmen über Optionen mit einem geringeren ökologischen Fußabdruck.

7.3 Die ökologische Nachhaltigkeit von kultiviertem Fleisch

Bis zum Zeitpunkt der Erstellung dieses Beitrags wurden seit 2011 insgesamt sieben prospektive Lebenszyklusanalysen zu kultiviertem Fleisch in wissenschaftlich begutachteten Fachzeitschriften veröffentlicht (Kim et al. 2022; Mattick et al. 2015; Risner et al. 2025; Sinke et al. 2023; Smetana et al. 2015; Tuomisto et al. 2022; Tuomisto & Teixeira de Mattos 2011). Diese Studien betrachten den Lebenszyklus des Produktionsprozesses von kultiviertem Fleisch von der Rohstoffgewinnung bis zur Zellproduktion. Die Phasen des Vertriebs, des Einzelhandels und des Konsums bleiben unberücksichtigt, da sie als vergleichbar mit denen von konventionell erzeugtem Fleisch angesehen werden. Da sich die Produktionsprozesse für kultiviertes Fleisch noch in der Entwicklung befinden, basieren die Studien auf Daten aus Laborexperimenten sowie auf Modellierungen großtechnischer Produktionsanlagen. Eine zentrale Herausforderung bei der Durchführung von Lebenszyklusanalysen zu kultiviertem Fleisch ist der Mangel an Daten zu den Umweltwirkungen der Inhaltsstoffe des Nährmediums. Oft müssen daher Näherungswerte verwendet werden, was zu Unsicherheiten in den Ergebnissen führt. Um diesen Unsicherheiten zu begegnen, greifen die Studien auf Szenarioanalysen zurück. Mit diesen werden unter anderem die Auswirkungen unterschiedlicher Prozessdesigns, alternativer Energiequellen und variierender Datengrundlagen untersucht.

Eine weitere Unsicherheitsquelle betrifft den Nährstoffgehalt von kultiviertem Fleisch, der für einen Vergleich mit konventionell erzeugtem Fleisch relevant ist. Die vorhandenen Studien geben in der Regel nur den Proteingehalt an, während Informationen über die Verfügbarkeit von Mikronährstoffen fehlen. Daher muss beim Vergleich der Umweltwirkungen von kultiviertem Fleisch und Fleisch aus konventioneller Erzeugung auch der unterschiedliche Nährstoffgehalt berücksichtigt werden.

Bei der energieintensiven Herstellung von kultiviertem Fleisch sowie der Produktion einzelner Komponenten hängt die Umweltbelastung stark von der Art der eingesetzten Energie ab (Sinke et al. 2023; Tuomisto et al. 2022). Durch den Einsatz emissionsarmer Energiequellen kann der CO_2-Fußabdruck von kultiviertem Fleisch verringert werden. In der traditionellen Fleischproduktion entstehen die meisten Treibhausgase dagegen in anderen Prozessen, beispielsweise in der Güllewirtschaft, bei der Verdauung von Wiederkäuern oder in der Futtermittelproduktion. Daher ist es schwieriger, diese Emissionen zu reduzieren. Darüber hinaus beeinflusst die Art des Endprodukts die Umweltauswirkungen von kultiviertem Fleisch: Die Herstellung eines Produkts mit echter Muskelstruktur erfordert wesentlich mehr Nährlösung und Energie als die Herstellung einfacher Zellmasse aus undifferenzierten Zellen.

Studien zeigen, dass der Großteil der Umweltauswirkungen von kultiviertem Fleisch auf den Energieverbrauch für die Produktion selbst sowie für die Herstellung der Nährmedienkomponenten zurückzuführen ist (Sinke et al. 2023; Tuomisto et al. 2022). Der CO_2-Fußabdruck der Nährmedien wird vor allem durch die Produktion von Aminosäuren, Glukose, Vitaminen und Mineralstoffen verursacht (Tuomisto et al. 2022). Komplexe

Biochemikalien wie Aminosäuren, Vitamine und rekombinante Proteine haben energieintensive Herstellungsprozesse und werden größtenteils noch nicht im großen Maßstab produziert (Sinke et al. 2023). Der Fußabdruck von Glukose hängt dagegen weitgehend von den eingesetzten Rohstoffen ab. Er fällt bei traditionell verwendeten landwirtschaftlichen Kulturpflanzen erheblich aus (Mattick et al. 2015), kann aber geringer ausfallen, wenn alternative Quellen (z. B. Nebenströme aus der Lebensmittelindustrie) genutzt werden.

Eine neue Studie von Risner et al. 2025 zeigt, dass sowohl die Zellkultivierung als auch die Herstellung der Nährlösung deutlich mehr Energie benötigen als in früheren Studien angenommen. Allerdings geht die Studie davon aus, dass alle Komponenten energieaufwendig in pharmazeutischer Qualität hergestellt werden, was für kultiviertes Fleisch gar nicht erforderlich ist, da hierfür auch Lebensmittel- oder Futtermittelqualität ausreicht. Um eine Unter- oder Überschätzung des Energiebedarfs zu vermeiden, ist mehr Forschung zu realistischen Produktionsanlagen im industriellen Maßstab erforderlich.

7.4 Vergleich mit der traditionellen Fleischproduktion

7.4.1 Beitrag zum Klimawandel

Zu den Umweltauswirkungen traditioneller Proteinquellen liegen umfangreiche Daten vor. Ein Beispiel ist die Analyse von rund 39.000 landwirtschaftlichen Betrieben in 119 Ländern, die Poore und Nemecek (2018) durchgeführt haben: Dabei wurden 40 wichtige Lebensmittel und fünf zentrale Umweltkategorien berücksichtigt. Im Vergleich zu anderen eiweißreichen Lebensmitteln ist der aggregierte Wert des Treibhauspotenzials für kultiviertes Fleisch aus den veröffentlichten Lebenszyklusanalysen höher als der für Geflügel, Eier, Nüsse, Tofu, Erbsen und andere Hülsenfrüchte. Er ist jedoch niedriger als der Wert für andere proteinreiche tierische Lebensmittel, die in Poore und Nemecek (2018) vorgestellt wurden (siehe Abb. 7.1).

Die aggregierten Werte der Lebenszyklusanalysen für das Treibhauspotenzial von kultiviertem Fleisch hängen stark von der eingesetzten Energiequelle ab und schwanken je nach Ausprägung des Produktionssystems. Selbst beim schlechtesten Ergebnis liegen die Treibhausgasemissionen pro Kilogramm kultiviertes Fleisch jedoch unter denen von Rindfleisch aus konventioneller Tierhaltung (Mattick et al. 2015; Tuomisto et al. 2022).

7.4.2 Flächennutzung und Biodiversität

Laut Poore und Nemecek (2018) hat die traditionelle Nutztierhaltung erhebliche Auswirkungen auf die Landnutzung. Sie ist mit einem hohen Flächenbedarf, Entwaldung und Lebensraumverlust für lokale Arten sowie Bodendegradation durch intensive Beweidung

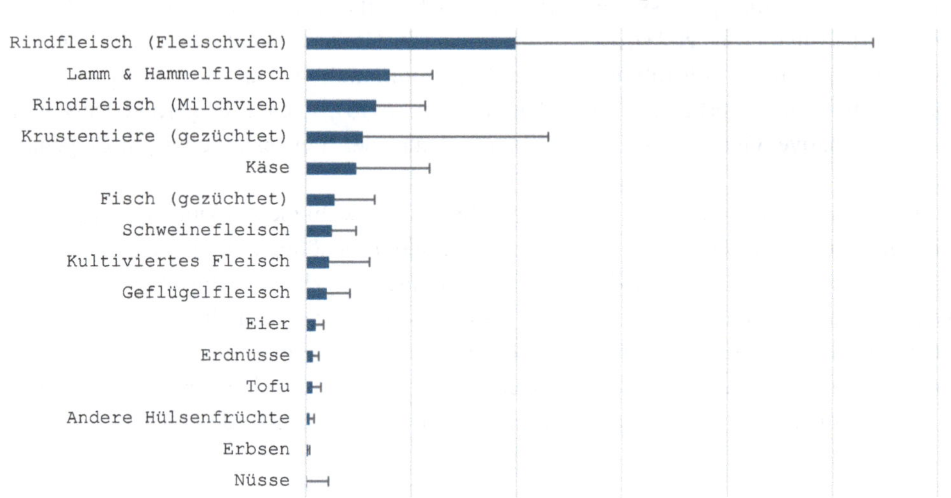

Abb. 7.1 Treibhauspotenzial (kg CO_2-eq/kg) proteinreicher Lebensmittel (Poore und Nemecek 2018) und aggregierte Ergebnisse für kultiviertes Fleisch (Kim et al. 2022; Mattick et al. 2015; Sinke et al. 2023; Tuomisto et al. 2022). (Quelle: Eigene Darstellung)

und Futtermittelanbau verbunden. Darüber hinaus steht sie in Konkurrenz mit anderen Landnutzungen.

Prospektive Lebenszyklusanalysen deuten darauf hin, dass für die Produktion von kultiviertem Fleisch in der Regel weniger Fläche benötigt wird als für die meisten proteinreichen Lebensmittel (siehe Abb. 7.2). Der Flächenbedarf für kultiviertes Fleisch hängt vor allem mit der Produktion von Nährmedienkomponenten zusammen, beispielsweise Mais oder Zuckerrohr für die Glukoseherstellung. Würden alternative Quellen für die Glukoseproduktion genutzt, an denen derzeit intensiv geforscht wird, würde der Druck auf landwirtschaftliche Flächen abnehmen.

Die extensive Beweidung historisch beweideter Ökosysteme kann sich positiv auf die biologische Vielfalt auswirken, da dadurch seltene Insekten- und Pflanzenarten vor dem Aussterben geschützt werden. Gegenwärtig macht diese Art der Weidehaltung jedoch nur einen geringen Prozentsatz der gesamten Nutztierhaltung aus. Der Nutzen von Weidetieren für das Ökosystem und die Biodiversität kann daher mit einem geringeren Tierbestand erzielt werden, als derzeit in der globalen Landwirtschaft eingesetzt wird. Da die Komponenten für die Nährmedien in agrarökologischen Landwirtschaftssystemen aus Getreide, Hülsenfrüchten und Gräsern erzeugt werden können, kann die Produktion von kultiviertem Fleisch in nachhaltige Landwirtschaftssysteme integriert werden.

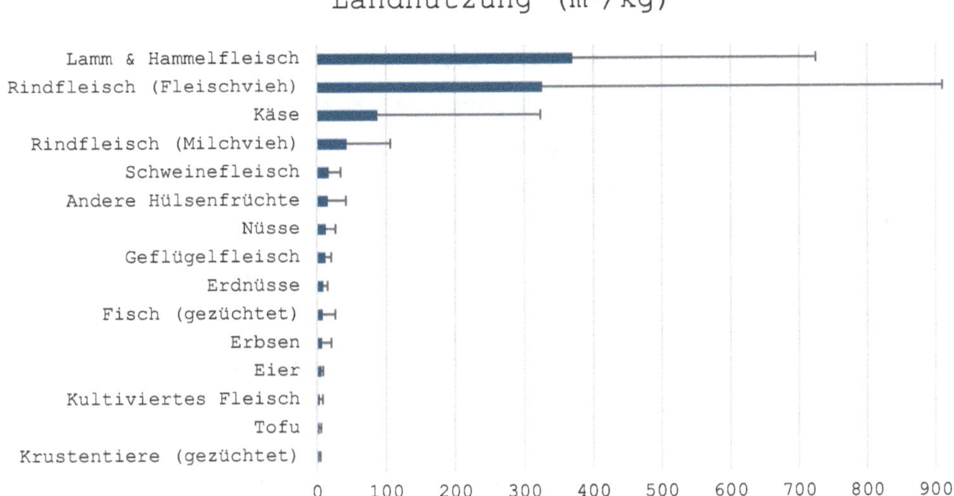

Abb. 7.2 Landnutzung (m^2/kg) proteinreicher Lebensmittel (Poore & Nemecek 2018) und aggregierte Ergebnisse für kultiviertes Fleisch (Mattick et al. 2015; Sinke et al. 2023; Tuomisto et al. 2022). (Quelle: Eigene Darstellung)

7.4.3 Wasserverbrauch und Eutrophierung

In der Futtermittelproduktion wird der Großteil des Wassers auf Weideflächen verbraucht (Regenfälle). Nur 6 % des gesamten Wasserverbrauchs in der Nutztierhaltung entfallen auf die Entnahme von Süßwasser aus Gewässern (Heinke et al. 2020). Im Gegensatz dazu benötigt die Produktion von kultiviertem Fleisch in Bioreaktoren überwiegend blaues Wasser (Oberflächen- und Grundwasser). Sinke et al. (2023) vergleichen in einer prospektiven Lebenszyklusanalyse kultiviertes Fleisch mit Fleisch aus der konventionellen Nutztierhaltung. Dabei werden für das Jahr 2030 potenziell verbesserte landwirtschaftliche Praktiken angenommen. Die Studie schätzt, dass der Verbrauch von blauem Wasser bei der Produktion von kultiviertem Fleisch höher ist als bei Rindfleisch von Milchvieh, Schweinefleisch und Geflügelfleisch, jedoch niedriger als bei Rindfleisch von Fleischvieh (Sinke et al. 2023). Die aggregierten Ergebnisse aus den prospektiven Lebenszyklusanalysen von kultiviertem Fleisch zeigen den gleichen Trend (siehe Abb. 7.3). Die meisten proteinreichen pflanzlichen Produkte (z. B. Tofu, Hülsenfrüchte) haben einen geringeren Wasserverbrauch als tierische Produkte. Eine Ausnahme sind Nüsse, die einen der höchsten Süßwasserverbräuche unter allen proteinreichen Lebensmitteln aufweisen (Poore & Nemecek 2018).

Die traditionelle Nutztierhaltung belastet Gewässer durch die Auswaschung von Phosphor und Stickstoff aus Weideflächen und Anlagen zur Güllebehandlung (Willett et al. 2019). Große Viehzuchtbetriebe verschärfen dieses Problem, da der überschüssige Dung

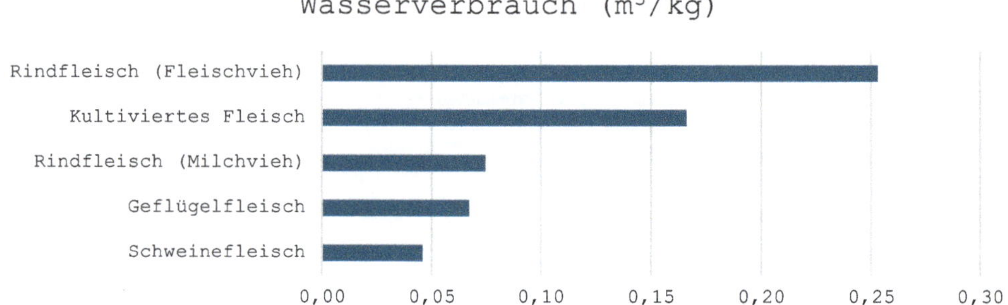

Abb. 7.3 Wasserverbrauch (m^3) pro 1 kg Fleisch (Sinke et al. 2023) und aggregierte Ergebnisse für 1 kg kultiviertes Fleisch (Kim et al. 2022; Tuomisto et al. 2022; Sinke et al. 2023). (Quelle: Eigene Darstellung)

nicht effizient in der Nähe als Dünger verwendet werden kann. Dies führt zu Nährstoffauswaschung und Eutrophierung. Zudem trägt die Nutztierhaltung durch Pestizidrückstände, Antibiotika und Krankheitserreger in der Gülle zur Wasserverschmutzung bei und schädigt damit die aquatischen Ökosysteme zusätzlich.

Die Prozesse mit dem höchsten Wasserverbrauch im Lebenszyklus von kultiviertem Fleisch sind die Herstellung von Nährmedien und deren Komponenten (Sinke et al. 2023). Die Verwendung eines geschlossenen Wasserkreislaufs oder hoher Wasserrecyclingquoten würde den Wasserverbrauch in diesen industriellen biochemischen Prozessen reduzieren. Im Vergleich zur konventionellen Fleischproduktion kann die Produktion von kultiviertem Fleisch die Eutrophierung weniger stark beeinflussen. Dies liegt daran, dass es unter geschlossenen Produktionsbedingungen einfacher ist, die Nährstoffemissionen in Gewässer zu kontrollieren, indem das Abwasser vor der Einleitung in die Natur gereinigt wird. Auch der geringere Bedarf an landwirtschaftlicher Nutzfläche für die Erzeugung von kultiviertem Fleisch verringert die Auswirkungen auf die Eutrophierung.

7.5 Schlussfolgerungen

Prospektive Lebenszyklusanalysen deuten darauf hin, dass kultiviertes Fleisch das Potenzial hat, die Umweltauswirkungen im Vergleich zu konventionell erzeugtem Fleisch zu verringern. Für die Produktion von kultiviertem Fleisch wird im Allgemeinen weniger Land benötigt als für die traditionelle Nutztierhaltung. Dadurch könnten weniger Wälder und natürliche Lebensräume in landwirtschaftliche Nutzflächen umgewandelt werden, was der biologischen Vielfalt zugutekommen würde. Allerdings erfordert die Herstellung von kultiviertem Fleisch einen relativ hohen Energieeinsatz, und die Auswirkungen auf das Klima hängen stark von den verwendeten Energiequellen ab. Die Verwendung erneuerbarer oder emissionsarmer Energiequellen kann den CO_2-Fußabdruck jedoch erheblich reduzieren. Die Produktion von kultiviertem Fleisch könnte zudem die Nährstoffemissionen in Gewässern verringern und die Qualität aquatischer Ökosysteme verbessern.

Da sich die Systeme zur Erzeugung von kultiviertem Fleisch jedoch noch in der Entwicklung befinden, sind Schätzungen ihrer Umweltauswirkungen mit großen Unsicherheiten behaftet. Die tatsächlichen Umweltauswirkungen der Produktion von kultiviertem Fleisch hängen davon ab, ob die Technologien zu effizienten und nachhaltigen Prozessen skaliert werden können. Um die Umweltauswirkungen von kultiviertem Fleisch zu reduzieren, sollten sich die Entwickler darauf konzentrieren, die benötigte Menge des Nährmediums zu optimieren, Nährmedien und Wasser im Produktionssystem zu recyceln, Nährmedienkomponenten mit geringen Umweltauswirkungen zu verwenden und emissionsarme Energiequellen zu nutzen.

Literatur

Alexandratos N, Bruinsma J (2012) World agriculture towards 2030/2050: the 2012 revision. Agricultural Development Economics Division Food and Agriculture Organization of the United Nations. http://www.fao.org/docrep/016/ap106e/ap106e.pdf. Zugegriffen: 14. Jan. 2026

Arvidsson R, Tillman A, Sandén BA et al (2018) Environmental assessment of emerging technologies: recommendations for prospective LCA. J of Industrial Ecology 22:1286–1294. https://doi.org/10.1111/jiec.12690

FAO (2023a) – with major processing by Our World in Data. Meat production by livestock type, World, 1961 to 2022. https://ourworldindata.org/grapher/global-meat-production-by-livestock-type. Zugegriffen: 14. Jan. 2026

FAO (2023b) – with major processing by Our World in Data. Per capita sources of protein, World, 2021. https://ourworldindata.org/grapher/per-capita-sources-of-protein?time=latest&country=~OWID_WRL. Zugegriffen: 14. Jan. 2026

Heinke J, Lannerstad M, Gerten D et al (2020). Water use in global livestock production – opportunities and constraints for increasing water productivity. Water Resour Res 56(12):e2019WR026995. https://doi.org/10.1029/2019WR026995

ISO 14040 (2006) Environmental management – life cycle assessment – principles and framework

ISO 14044 (2006) Environmental management – life cycle assessment – requirements and guidelines

Kim S, Beier A, Schreyer HB et al (2022) Environmental life cycle assessment of a novel cultivated meat burger patty in the United States. Sustainability 14:16133. https://doi.org/10.3390/su142316133

Koch F, Krems C, Heuer T et al (2021) Attitudes, perceptions and behaviours regarding meat consumption in Germany: results of the NEMONIT study. J Nutr Sci 10:e39. https://doi.org/10.1017/jns.2021.34

Mattick CS, Landis AE, Allenby BR et al (2015) Anticipatory life cycle analysis of in vitro biomass cultivation for cultured meat production in the United States. Environ Sci Technol 49:11941–11949. https://doi.org/10.1021/acs.est.5b01614

Northrope K, Howell T, Kashima ES et al (2024) An investigation of meat eating in samples from Australia and Germany: the role of justifications, perceptions, and empathy. Animals 14:211. https://doi.org/10.3390/ani14020211

Poore J, Nemecek T (2018) Reducing food's environmental impacts through producers and consumers. Science 360:987–992. https://doi.org/10.1126/science.aaq0216

Richardson K, Steffen W, Lucht W et al (2023) Earth beyond six of nine planetary boundaries. Sci Adv 9:eadh2458. https://doi.org/10.1126/sciadv.adh2458

Risner D, Negulescu P, Kim Y et al (2025) Environmental impacts of cultured meat: a cradle-to-gate life cycle assessment. ACS Food Sci Technol 5:61–74. https://doi.org/10.1021/acsfoodscitech.4c00281

Ritchie H, Rosado P, Roser M (2019) Meat and dairy production. https://ourworldindata.org/meat-production. Zugegriffen: 14. Jan. 2026

Rosenfeld DL, Rothgerber H, Tomiyama AJ (2024) When meat-eaters expect vegan food to taste bad: veganism as a symbolic threat. Group Process Intergr Relat 27(2):453–468. https://doi.org/10.1177/13684302231153788

Sinke P, Swartz E, Sanctorum H et al (2023) Ex-ante life cycle assessment of commercial-scale cultivated meat production in 2030. Int J Life Cycle Assess 28:234–254. https://doi.org/10.1007/s11367-022-02128-8

Smetana S, Mathys A, Knoch A et al (2015) Meat alternatives: life cycle assessment of most known meat substitutes. Int J Life Cycle Assess 20:1254–1267. https://doi.org/10.1007/s11367-015-0931-6

Tuomisto HL, Allan SJ, Ellis MJ (2022) Prospective life cycle assessment of a bioprocess design for cultured meat production in hollow fiber bioreactors. Sci Total Environ 851:158051. https://doi.org/10.1016/j.scitotenv.2022.158051

Tuomisto HL, Teixeira De Mattos MJ (2011) Environmental impacts of cultured meat production. Environ Sci Technol 45:6117–6123. https://doi.org/10.1021/es200130u

Willett W, Rockström J, Loken B et al (2019) Food in the Anthropocene: the EAT–Lancet Commission on healthy diets from sustainable food systems. Lancet 393:447–492. https://doi.org/10.1016/S0140-6736(18)31788-4

Tierethische Aspekte von kultiviertem Fleisch 8

Jens Tuider

Zusammenfassung

Tierethik ist das Nachdenken darüber, wie wir als moralische Akteure mit Tieren umgehen sollten. Die Möglichkeit der Erzeugung von kultiviertem Fleisch wirkt sich auf Tiere aus. Dabei stehen vor allem drei Praktiken im ethischen Fokus: (1) die Entnahme von Zellmaterial, (2) die Gewinnung von Serum und (3) die Haltung von Tieren. In diesem Artikel wird die ethische Vertretbarkeit von kultiviertem Fleisch aus der Perspektive der drei am weitesten verbreiteten tierethischen Standpunkte – Tierschutz, Tierrechte und Tierbefreiung – untersucht. Unter idealen Bedingungen kann die zelluläre Landwirtschaft in der Praxis zu einer erheblichen Reduzierung des Leids bei für Nahrungszwecke genutzten Tieren beitragen und das Mensch-Tier-Verhältnis nachhaltig positiv verändern.

8.1 Einleitung

Tierethik bedeutet das Nachdenken darüber, wie wir als moralische Akteure mit Tieren umgehen sollten. Zentrale Fragen hierbei sind: Dürfen wir Tiere töten? Dürfen wir ihnen Leid und Schmerzen zufügen? Dürfen wir Tiere überhaupt nutzen (selbst ohne Tötung und Leidzufügung)? (Tuider & Tsilimekis 2021). Diese Fragen werden immer drängender und erfahren auch immer mehr Aufmerksamkeit (Diehl & Tuider 2019) – in Fachkreisen ebenso wie in der breiten Öffentlichkeit – und zwar aus verschiedenen Gründen: Erstens lernen wir dank der modernen Biologie und Ethologie immer mehr

J. Tuider (✉)
Berlin, Deutschland
E-Mail: jtuider@gmx.net

N. Lin-Hi und I. Blumberg (Hrsg.), *Kultiviertes Fleisch*, SDG – Forschung, Konzepte, Lösungsansätze zur Nachhaltigkeit, https://doi.org/10.1007/978-3-662-73361-5_8

über die komplexen Fähigkeiten, Bedürfnisse und Verletzlichkeiten von Tieren, was unser Handeln ihnen gegenüber revisionsbedürftig macht. Zweitens schaffen wir uns als Menschen durch wissenschaftlichen und technologischen Fortschritt immer weitere und wirkmächtigere Handlungsmöglichkeiten mit Auswirkungen auf Tiere. Zu diesen Handlungsmöglichkeiten gehören auch die zelluläre Landwirtschaft und kultiviertes Fleisch.

8.2 Tierethische Lösungsansprüche der zellulären Landwirtschaft

Die zelluläre Landwirtschaft, also die Erzeugung von Tierprodukten wie etwa Fleisch durch Zellkultivierung statt Tierhaltung, tritt explizit auch mit diversen ethischen Versprechen an, wenn sie versucht, die traditionelle Nutztierhaltung durch technologische Innovationen zu verbessern. Dazu gehören die Schonung der Umwelt, des Klimas und der Biodiversität angesichts multipler globaler existenzieller Krisen, die Effizienzsteigerung der Nahrungsmittelversorgung angesichts einer rapide steigenden Nachfrage nach Tierprodukten durch Bevölkerungs- und Wohlstandswachstum, die Verbesserung des Gesundheits- und Nährstoffprofils von Tierprodukten sowie die Verbesserung des Tierwohls der zur Nahrungsmittelgewinnung genutzten Tiere (Good Food Institute 2022; ProVeg 2022). All diese Bereiche tangieren die Ethik im Sinne der Rücksichtnahme auf andere und deren Ansprüche sowie die Konsequenzen, die sich daraus für unser eigenes Handeln ergeben.

Obwohl es hier viele Überschneidungen mit anderen Themenbereichen gibt, beispielsweise mit der Biodiversität oder dem Erhalt von (Tier-)Arten, konzentriert sich dieser Artikel mit einem explizit tierethischen Fokus auf den Aspekt des Tierwohls. Gemeint ist damit das Wohlbefinden von Tieren als empfindungsfähige Individuen mit eigenen Bedürfnissen und Interessen sowie den sich daraus ergebenden Verletzlichkeiten wie etwa körperliche Schmerzen, psychisches Leiden oder die Frustration von Bedürfnissen.

Insbesondere bestimmte Aspekte der Zellkultivierung können das Tierwohl in verschiedener Hinsicht tangieren. Im Fokus stehen dabei drei Praktiken: (1) Die Entnahme von Zellmaterial durch eine (leicht) invasive Biopsie kann bei den betroffenen Tieren Schmerzen und/oder Angst erzeugen. Dabei wird eine Hohlnadel durch die Haut in das zu entnehmende Gewebe gestochen. (2) Die Herstellung von geeigneten Nährmedien für die Zellkultivierung kann fetales Kälberserum (FKS) erfordern. Dieses wird jedoch nur durch ein ethisch bedenkliches Verfahren gewonnen, das intensives Leiden sowie die Tötung der betroffenen Kälber erfordert. Dabei wird dem noch lebenden Fötus einer geschlachteten, trächtigen Kuh mit einer Nadel das Herz punktiert und dann das Blut entzogen

(McLeod et al. 1980). Grundsätzlich kann die bloße Haltung von Tieren zu den ersten beiden genannten Zwecken an sich mit Leiden, Ängsten und Schmerzen für die betroffenen Tiere verbunden sein.[1]

Um diese drei Praktiken ethisch beurteilen zu können, betrachten wir grundlegende ethische Positionen bzw. Theorien und diskutieren dann deren Implikationen für unsere Fragestellung.

8.3 Tierethische Positionen und Theorien

In der Tierethik lassen sich grob drei Grundpositionen unterscheiden: Tierschutz, Tierrechte und Tierbefreiung. Quer dazu gibt es verschiedene Moraltheorien, die in der Tierethik angewendet werden, wie etwa Utilitarismus oder Kantianismus (Tuider & Tsilimekis 2021).

8.3.1 Tierschutz

Der Tierschutz ist die klassische und in der Gesellschaft am weitesten verbreitete Auffassung von unserem moralischen Verhältnis zu Tieren. Demnach verdienen Tiere moralische Berücksichtigung um ihrer selbst willen, zählen jedoch weniger als Menschen. Nach dieser Position dürfen Menschen Tiere nutzen und auch töten, sofern dies (i) zu einem „vernünftigen“ Zweck und (ii) ohne „unnötiges“ Leid erfolgt. So argumentiert das deutsche Tierschutzgesetz etwa, wenn in § 1 festgelegt ist: „Niemand darf einem Tier ohne vernünftigen Grund Schmerzen, Leiden oder Schäden zufügen.“ (Tierschutzgesetz 2025). Die entscheidende Frage ist allerdings, wie ein „vernünftiger“ Grund oder „unnötiges“ Leid definiert wird. Ein Tier aus Grausamkeit oder zur persönlichen Belustigung zu quälen und zu töten, scheint klar ausgeschlossen. Ebenso scheint es klar akzeptabel zu sein, ein Tier „möglichst leidensarm“ zu töten, um etwa das eigene Überleben zu sichern (wie in dem oft zitierten Beispiel der Strandung auf einer einsamen Insel). Weniger eindeutig sind die vielen Fälle dazwischen, wie etwa die für uns relevante Frage, ob man Tiere zu Nahrungszwecken nutzen oder töten darf, auch wenn es hierzu Alternativen gibt (denn dies wäre dann ja „unnötig“).

Das deutsche Tierschutzgesetz scheint diese Frage jedenfalls zu bejahen, denn auch die Intensivtierhaltung, die nachweislich teilweise extremes Tierleid verursacht (Wolfschmidt 2016), ist in Deutschland nicht illegal. Zwar sprechen sich moralisch sehr viele Menschen

[1] Ein weiterer Aspekt, der Tierleid erzeugt, ist die Notwendigkeit von Tierversuchen bei der Entwicklung neuer Nahrungsmitteltechnologien. Dies wird hier jedoch ausgespart, da gemäß der EFSA-Verordnung alle neuartigen Lebensmittel (sogenannte *novel foods*) – auch rein pflanzliche – vor der Marktzulassung durch Tierversuche abgesichert werden müssen. Dieser Artikel fokussiert stattdessen auf die für die Herstellung von kultiviertem Fleisch typischen tierwohlrelevanten Aspekte.

gegen die Intensivtierhaltung aus (in Deutschland etwa 70 %) (ProVeg 2021), faktisch unterstützen sie diese jedoch durch ihren Konsum, denn nur etwa 12 % der Bevölkerung ernähren sich vegan oder vegetarisch (Tagesschau 2023). Auch der Bioanteil bei Fleisch liegt lediglich bei 3–4 % (Bundesanstalt für Landwirtschaft und Ernährung 2023). Auch wenn hier zumindest im Ansatz ethische Bedenken vorhanden zu sein scheinen, schlagen diese nicht in die Rechtslage durch (Tuider & Tsilimekis 2021).

Wenn also Tiernutzung und Tiertötung – selbst mit nicht unerheblicher Leidzufügung – aus Sicht der klassischen Tierschutzposition für die Gewinnung von Nahrungsmitteln moralisch akzeptabel scheinen, dann spricht auch nichts grundsätzlich gegen die Nutzung von Tieren für die Gewinnung von kultiviertem Fleisch. Im Gegenteil, denn die Anzahl der genutzten Tiere und die Leidzufügung wären idealerweise geringer. Einzige Ausnahme stellt jedoch die Gewinnung von FKS dar, da sie als äußerst leidintensiv gilt.[2] Daher richtet sich der Hauptfokus der ethischen Debatte auch auf diesen Aspekt – und erzeugt mitunter starke emotionale Reaktionen. Aktuell bemühen sich Start-ups und Unternehmen in diesem Bereich, Alternativen zu FKS zu finden (siehe Kap. 4). Denn FKS ist nicht nur ethisch problematisch (und damit ein erhebliches Risiko für die Akzeptanz der Konsumierenden), sondern bringt auch produktionstechnische Herausforderungen, da es weder steril ist noch eine chemisch exakt definierte Zusammensetzung hat. Schließlich ist es auch unwirtschaftlich, da es für die Skalierung eines Massenprodukts wie Fleisch zu teuer ist.

8.3.2 Tierrechte

Die Position der Tierrechte ist in ihren Forderungen und Konsequenzen deutlich anspruchsvoller und wird bisher nur von einer sehr kleinen gesellschaftlichen Gruppe akzeptiert. Demnach sind Tiere nicht nur moralisch (also um ihrer selbst willen) relevant, sondern zählen auch genauso viel wie Menschen. Diese Position hat einschneidende Konsequenzen für etablierte Tiernutzungspraktiken durch den Menschen, denn nach ihr gibt es keinen grundlegenden moralischen Unterschied zwischen Menschen und Tieren. Was das genau bedeutet, hängt wiederum von den zugrunde gelegten ethischen Theorien ab: Entweder erfolgt eine gleiche Berücksichtigung im Rahmen einer Gesamtkalkulation von Wohlbefinden gegen Leiden (Utilitarismus) oder es erfolgt ein gleicher Schutz individueller Rechte von Individuen (Rechte-Ansätze). Beide Positionen sind widersprüchlich, decken aber jeweils wichtige moralische Intuitionen ab (Tuider & Tsilimekis 2021).

[2] Hierfür werden noch lebende Kälberföten von Schlachtkühen verwendet. Sowohl die Entnahme aus dem Muttertier als auch der dadurch entstehende Sauerstoffmangel und die Blutentnahme durch einen Nadelstich ins Herz können erhebliches Leiden verursachen (Jochems et al. 2002).

Utilitarismus

Beim Utilitarismus geht es darum, möglichst viel Gutes (bzw. Wohlbefinden oder Interessenbefriedigung) und möglichst wenig Schlechtes (bzw. Leiden oder Interessenfrustration) zu erreichen. Hierzu werden die Interessen und Bedürfnisse aller von einer Handlung Betroffenen gleichermaßen für die Kalkulation berücksichtigt. Da auch Tiere empfindungsfähig sind und sowohl Freude als auch Leid empfinden können, ist es für den Utilitarismus möglich, auch (zumindest empfindungsfähige) Tiere mit in die Berechnung aufzunehmen. Unterschiede aufgrund der bloßen Gattungszugehörigkeit sollen hierbei keine Rolle spielen (Tuider & Wolf 2014).

Im Utilitarismus ist nichts grundsätzlich verboten oder ausgeschlossen, solange es der Maximierung des Gesamtwohls dient. Dennoch betrachten Utilitaristen den Fleischkonsum grundsätzlich kritisch, da dem eher geringen Zugewinn an Gutem für den Menschen durch den Genuss von Fleisch das erhebliche Leiden und Sterben der dafür genutzten Tiere gegenübersteht. Würde sich Fleisch dagegen ohne – oder nur mit minimaler – Leidenszufügung erzeugen lassen, ginge die Rechnung auf und der Fleischkonsum wäre ethisch vertretbar.

Die Erzeugung von kultiviertem Fleisch wäre aus utilitaristischer Sicht daher vertretbar, wenn sie nur geringes Leid für Tiere bedeuten würde, solange der Genuss, den Menschen durch den Fleischkonsum erleben, größer ist.

Rechte-Ansätze

Theorien in der Tradition Immanuel Kants werden auch als Rechte-Ansätze oder deontologische (also pflichtorientierte) Theorien bezeichnet. Im Gegensatz zum Utilitarismus betrachten sie Moral nicht als Gesamtkalkulation, sondern als den absoluten Schutz des Individuums und seiner Interessen – gerade auch gegenüber Strategien und Kalkulationen anderer oder für das Gesamtwohl. Individuen haben einen absoluten Eigenwert, der nicht verrechnet werden kann und den es zu schützen gilt. Kant selbst beschränkt seine Theorie auf Personen, also rationale und moralfähige Individuen. Es gibt jedoch auch Ansätze, die nicht die Vernunft- und Moralfähigkeit, sondern beispielsweise die Empfindungsfähigkeit o.Ä. als Grundlage betrachten. Dann können auch Tiere eingeschlossen werden (Tuider & Wolf 2014).

Im Gegensatz zum Utilitarismus sind bei Rechte-Theorien bestimmte Dinge per definitionem ausgeschlossen, wie etwa die Zufügung von Leid oder die Tötung (selbst wenn dies die Gesamtbilanz begünstigen würde). Denn dies würde den schutzwürdigen Eigenwert von Individuen verletzen. Würde man auch Tieren einen Eigenwert und damit ein Recht auf Leben und ein Recht auf Freiheit von Leidenszufügung zusprechen, dürften wir nur diejenigen Tierprodukte nutzen, die ohne Leidenszufügung und Tötung auskommen. Damit wären weitgehend alle konventionellen Tiernutzungspraktiken ausgeschlossen.

Insgesamt ließe sich kultiviertes Fleisch aus einer Rechte-Position nur dann ethisch vertreten, wenn die Zell- sowie die Nährlösungsgewinnung ohne Leiden oder Schmerzen erfolgen und auch die Haltung der Tiere höchsten Tierwohlansprüchen genügen würde (die sicherlich weit über das hinausgehen müssten, was heutzutage als Tierwohl-Standard etabliert ist).

8.3.3 Tierbefreiung

Es gibt eine besonders anspruchsvolle Variante der Tierrechte, die sich „Tierbefreiung" oder, angelehnt an die Befreiungsbewegung gegen die Sklaverei, „Abolitionismus" nennt. Hier wird Tieren neben dem Recht auf Leben und Freiheit von Leidzufügung noch ein weiteres Recht zugesprochen: das Recht auf Freiheit bzw. der Schutz vor jeglicher Instrumentalisierung. Das bedeutet, dass jegliche Tiernutzung ausgeschlossen ist, selbst dann, wenn die Tiere kein Leid erfahren und auch nicht getötet werden. Tierbefreier sehen bereits in der bloßen Tatsache, dass Menschen Tiere für ihre Zwecke nutzen und halten, ein ethisches Problem, da es sich aus dieser Sicht um ein Ausbeutungsverhältnis handelt, in dem der Mensch immer die Oberhand hat. Die moralischen Bedenken von Tierbefreiern bestehen daher nicht nur bezüglich etwaiger extrem anspruchsvoller Freiheitsbedürfnisse der Tiere (die vielleicht ein Leben in absoluter Freiheit ohne jeglichen Kontakt mit dem Menschen vorziehen würden). Sie bestehen auch darin, dass selbst ein ethisch maximal anspruchsvolles Nutzungsverhältnis zum wechselseitigen Vorteil von Mensch und Tier beim Menschen letztlich doch die moralisch problematische Einstellung zementiert, dass Tiere nur Objekte zur Befriedigung unserer Interessen sind – und damit Ausbeutungsmechanismen aufrechterhalten werden. Oftmals geht diese Position zudem mit einer fundamentalen System- und Herrschaftskritik einher und fordert die Abschaffung nicht nur der Tierausbeutung, sondern aller Hierarchie- und Ausbeutungsstrukturen in Gesellschaft, Politik und Wirtschaft (Tuider & Tsilimekis 2021).

Die Tierbefreiungsposition lehnt als Konsequenz nicht nur jegliche Nutzung von Tieren durch den Menschen ab, sondern auch den gesamten Domestikationsprozess und letztlich jegliche nutzenorientierte Interaktion zwischen Menschen und Tieren. Entsprechend sieht die Tierbefreiungsposition auch die Möglichkeiten von kultiviertem Fleisch als ethisch inakzeptabel an. Selbst unter idealen Bedingungen wären Tiere immer noch Mittel zu menschlichen Zwecken, und dies würde ethisch problematische Einstellungen bei Menschen aufrechterhalten.

8.4 Bewertung und Ausblick

Es ist nicht realistisch, davon auszugehen, dass sich anspruchsvolle Positionen wie die Tierrechte – ganz zu schweigen von der Tierbefreiung – selbst in progressiven Gesellschaften in absehbarer oder auch längerfristiger Zukunft in nennenswertem Maße durchsetzen werden. Dies liegt primär daran, dass die Konsequenzen in Form von fundamentalen Verhaltensänderungen und Verzicht für die meisten Menschen psychologisch und praktisch inakzeptabel erscheinen.

Wenn man dennoch pragmatisch an deutlichen ethischen Verbesserungen für Tiere interessiert ist, bietet gerade die Zellkultivierung von Fleisch ein bedeutendes Potenzial. Dazu muss diese neue Technologie (i) ohne FKS auskommen, (ii) Biopsien schmerzfrei gestalten und auf ein Minimum reduzieren (Jones 2010) sowie (iii) optimale Haltungsbedingungen für die wenigen benötigten Tiere etablieren, die ein faires Verhältnis und echten wechselseitigen Nutzen garantieren. Dazu gehört, die emotionalen, sozialen und kognitiven Bedürfnisse der gehaltenen Tiere möglichst gut zu befriedigen, sie umfassend mit Futter und einer geeigneten Behausung zu versorgen sowie eine angemessene medizinische Versorgung zu gewährleisten. Kurz gesagt: Die Haltung muss den benötigten Tieren ein gutes und langes Leben sowie einen möglichst leidfreien Tod am natürlichen Lebensende ermöglichen.

Unter diesen Bedingungen kann die zelluläre Landwirtschaft mittelfristig zu einer erheblichen Reduzierung des Leids von Tieren, die für Nahrungszwecke genutzt werden, beitragen. Dies ist angesichts der global stetig steigenden Nachfrage nach Tierprodukten und den tendenziell problematischen Haltungsformen in der Intensivtierwirtschaft eine enorme Leistung. Und selbst wenn sich minimales Leiden bei den für die Produktion von kultiviertem Fleisch genutzten Tieren letztlich nicht komplett ausschließen ließe, wäre die bloße Reduktion der Zahlen bereits ein erheblicher ethischer Fortschritt: Wenn wir, wie Prognosen annehmen, nur einige Zehntausend Tiere bräuchten, um die Weltbevölkerung zu versorgen (Baker 2021), statt jedes Jahr über 80 Mrd. Landtiere und unzählige Meerestiere zu züchten und zu töten (Rosado 2022).

Langfristig kann kultiviertes Fleisch dazu beitragen, das Verhältnis zwischen Mensch und Tier positiv zu verändern. Die Annahme der Tierbefreiungsbewegung, dass jegliche Nutzung von Tieren, selbst eine, bei der beide Seiten profitieren, immer und notwendigerweise problematische Ausbeutungseinstellungen beim Menschen verfestigt, ist psychologisch wenig plausibel und scheint eher ideologisch motiviert. Im Gegenteil sind Alternativen – wie kultiviertes Fleisch – gerade der Schlüssel, um substanzielle Veränderungen überhaupt zu ermöglichen. Wenn es zu einer ethisch problematischen Praxis, wie dem Konsum von konventionell erzeugtem Fleisch, eine attraktive Alternative wie kultiviertes Fleisch[3] gibt, fällt es Menschen leichter, ihr Verhalten zu ändern. Ist diese scheinbare Abhängigkeit erst einmal durchbrochen, werden Menschen offener dafür, auch ihre entsprechenden Einstellungen zu dieser Praxis zu ändern. Dies geschieht also umgekehrt zur üblichen Vorstellung, dass wir zunächst unsere Einstellungen aufgrund von Argumenten, Fakten und Vernunfteinsicht ändern und dann unser Handeln entsprechend

[3] Kultiviertes Fleisch ist materiell und biochemisch nicht vollständig identisch mit Fleisch von Tieren. Es kommt dem Original jedoch vermutlich näher als alle anderen aktuell verfügbaren Alternativen auf pflanzlicher oder pilzlicher Basis.

anpassen (Leenaert 2017). Handlungsveränderung kann also auch vor dem Einstellungswandel eintreten, und umgekehrt kann der Einstellungswandel die Handlungsveränderung zusätzlich verfestigen.

So wäre es etwa vorstellbar, dass sich die Einstellung der Menschen zu Tieren langfristig verbessert, wenn diese als „Spender" des Rohmaterials für kultiviertes Fleisch betrachtet würden. Wenn die kognitive Dissonanz nicht mehr ausgehalten werden muss, die entsteht, wenn man eigentlich nicht möchte, dass Tiere für den eigenen Fleischgenuss leiden und getötet werden[4], könnte sich eine positive Einstellung zu den genutzten Tieren entwickeln. Dies würde vor allem auch das menschliche Schuldgefühl reduzieren, das bisher zumindest implizit mit der Nutztierhaltung mitschwingt. Einen „Spender-Lebenshof", auf dem die Tiere tatsächlich glücklich leben, würde man sicher eher für einen Familienausflug wählen als den aktuellen Schlachthof. Wirklich glückliche Tiere und ein fairer Deal zum wechselseitigen Vorteil wären ein Meilenstein im Verhältnis zwischen Mensch und Tier. Kultiviertes Fleisch und andere Produkte der zellulären Landwirtschaft könnten hierzu einen wichtigen Beitrag leisten.

Literatur

Baker A (2021) The cow that could feed the planet. Time. https://time.com/6109450/sustainable-lab-grown-mosa-meat/. Zugegriffen: 14. Jan. 2026

Bundesanstalt für Landwirtschaft und Ernährung (2023) Wie hat sich der Marktanteil von Bio-Fleisch entwickelt? https://www.landwirtschaft.de/infothek/infografiken/uebersicht-aller-infografiken/wie-hat-sich-der-marktanteil-von-biofleisch-entwickelt. Zugegriffen: 14. Jan. 2026

Diehl E, Tuider J (2019) Haben Tiere Rechte? – Aspekte der Mensch-Tier-Beziehung. Bundeszentrale für Politische Bildung, Bonn

Gelitz C (2023) Warum wir Tiere essen und uns doch für gute Menschen halten. Spektrum der Wissenschaft. https://www.spektrum.de/kolumne/warum-wir-fleisch-essen-und-uns-doch-fuer-gute-menschen-halten/2181522. Zugegriffen: 14. Jan. 2026

Good Food Institute (GFI) (2022) Cultivated meat https://gfieurope.org/cultivated-meat/. Zugegriffen: 14. Jan. 2026

Jochems CE, Van Der Valk JB, Stafleu FR et al (2002) The use of fetal bovine serum: Ethical or scientific problem? Altern Lab Anim 30(2):219–227. https://doi.org/10.1177/026119290203000208

Jones N (2010) Food: A taste of things to come? Nature 468:752–753. https://doi.org/10.1038/468752a

Leenaert T (2017) How to create a vegan world: a pragmatic approach. Lantern, New York

McLeod C, Anderson DWJ, Katz W (1980) Preparation of foetal calf serum for use in tissue culture. J Biol Stand 8(4):263–270. https://doi.org/10.1016/S0092-1157(80)80003-5

ProVeg (2021) Deutsche wollen weg von der Massentierhaltung. https://proveg.org/de/presse/deutsche-wollen-weg-von-der-massentierhaltung. Zugegriffen: 14. Jan. 2026

ProVeg (2022) Cellular agriculture: A general introduction. https://corporate.proveg.com/wp-content/uploads/2022/03/ProVeg_Cell-Ag_GeneralIntro_2022_V2.pdf. Zugegriffen: 14. Jan. 2026

[4] Dieser Mechanismus wird auch als das „Fleisch-Paradox" bezeichnet (Gelitz 2023).

Rosado P (2022) More than 80 billion land animals are slaughtered for meat every year. https://ourworldindata.org/data-insights/billions-of-chickens-ducks-and-pigs-are-slaughtered-for-meat-every-year. Zugegriffen: 14. Jan. 2026

Tagesschau (2023) Gut ein Zehntel isst vegetarisch oder vegan https://www.tagesschau.de/wirtschaft/verbraucher/ernaehrung-vegetarisch-vegan-100.html. Zugegriffen: 14. Jan. 2026

Tierschutzgesetz (2025) https://www.gesetze-im-internet.de/tierschg/BJNR012770972.html. Zugegriffen: 14. Jan. 2026

Tuider J, Tsilimekis K (2021) Anderen Tieren gerecht werden – Eine ethische Perspektive. In: Fuhrmann S (Hrsg.) Interspezies Lernen – Grundlinien interdisziplinärer Tierschutz- und Tierrechtsbildung. Transcript, Bielefeld, S 311–348. https://doi.org/10.1515/9783839455227-013

Tuider J, Wolf U (2014) Tierethische Positionen. Bundeszentrale für Politische Bildung (bpb) http://www.bpb.de/gesellschaft/umwelt/bioethik/176364/tierethische-positionen. Zugegriffen: 14. Jan. 2026

Wolfschmidt M (2016) Das Schweinesystem. Wie Tiere gequält, Bauern in den Ruin getrieben und Verbraucher getäuscht werden. S. Fischer Verlag, Frankfurt a. M.

Grundlagen der Konsumierendenakzeptanz 9

Ramona Weinrich

Zusammenfassung

Die erfolgreiche Markteinführung eines neuen Produkts hängt nicht nur von technologischer Machbarkeit und wirtschaftlicher Rentabilität ab, sondern auch wesentlich von der Akzeptanz von Konsument*innen – also der Bereitschaft, ein neues Produkt zu kaufen, zu konsumieren und wiederholt zu erwerben. Dieses Kapitel gibt einen Überblick über die Einflussfaktoren auf Mikro- und Makroebene sowie die verschiedenen Phasen, bis ein Produkt am Markt etabliert ist. Darüber hinaus wird das Zusammenspiel von technischem Fortschritt und sozio-institutionellem Wandel thematisiert. Die dargestellten Zusammenhänge werden in den Kontext von Kauf- und Konsumentscheidungen eingeordnet. Abschließend wird der aktuelle Forschungsstand zur Konsumierendenakzeptanz von kultiviertem Fleisch im deutschsprachigen Raum dargestellt und ein Ausblick auf mögliche Entwicklungen gegeben.

9.1 Einleitung

Kultiviertes Fleisch hat das Potenzial, eine der zentralen Herausforderungen einer nachhaltigen Ernährung zu adressieren: den hohen Fleischkonsum in Industrie- und Schwellenländern. Laut der EAT-Lancet-Kommission liegt ein nachhaltiger Fleischkonsum bei etwa 15 kg pro Kopf und Jahr (Willett et al. 2019). Während Länder wie Deutschland mit 52 kg deutlich darüber liegen, erreichen viele Bevölkerungsschichten die empfohlene Verzehrmenge hingegen nicht (Baybars et al. 2023), sodass die Ernährungssicherung

R. Weinrich (✉)
Fachgebiet Verbraucherverhalten in der Bioökonomie, Universität Hohenheim, Stuttgart, Deutschland
E-Mail: ramona.weinrich@uni-hohenheim.de

N. Lin-Hi und I. Blumberg (Hrsg.), *Kultiviertes Fleisch*, SDG – Forschung, Konzepte, Lösungsansätze zur Nachhaltigkeit, https://doi.org/10.1007/978-3-662-73361-5_9

aufgrund der unzureichenden Versorgung mit Makronährstoffen bzw. Proteinen gefährdet ist.

Die erfolgreiche Markteinführung eines neuen Produktes hängt jedoch grundsätzlich nicht nur von der technologischen Machbarkeit oder Wirtschaftlichkeit ab. Konsumierendenakzeptanz, also die Offenheit, ein neues Produkt zu essen und wiederholt zu kaufen, spielt eine zentrale Rolle. In diesem Kapitel soll dieser Aspekt genauer beleuchtet werden. Psychologische, sozioökonomische und ökologische Dimensionen, die das Konsumierendenverhalten lenken, werden dargestellt. Darüber hinaus wird ein Überblick über die Akzeptanz in Deutschland gegeben. Damit wird eine fundierte Grundlage für Kommunikationsstrategien und Vermarktungsansätze gelegt, um das Potenzial von kultiviertem Fleisch auf dem deutschen Markt zu erschließen.

9.2 Bedeutung der Konsumierendenakzeptanz und ihre Relevanz für kultiviertes Fleisch

Neue Lebensmitteltechnologien, auch bekannt als *Novel Food Technologies,* können entscheidend dazu beitragen, die Ernährungssicherheit zu verbessern und die Lebensmittelsicherheit zu erhöhen. Allerdings stoßen die verschiedenen Technologien bei Verbraucher*innen auf sehr unterschiedliche Akzeptanz. So werden beispielsweise gentechnisch veränderte Lebensmittel in Europa, insbesondere in Deutschland, stark abgelehnt. Im Gegensatz dazu erfreuen sich etablierte Technologien wie die Gefriertrocknung einer hohen Zustimmung.

Ein wesentlicher Unterschied zwischen Lebensmitteltechnologien und anderen Technologien – etwa in der Unterhaltungselektronik oder bei Speichermedien – liegt darin, dass neue Lebensmitteltechnologien bestehende Verfahren in der Regel nicht vollständig ersetzen, sondern diese ergänzen. Dies gilt auch für das Beispiel des kultivierten Fleisches. Diese innovative Methode der Fleischproduktion wird die konventionelle Fleischherstellung nicht vollständig verdrängen, sondern als zusätzliche Option im Lebensmittelsystem verfügbar sein.

Daraus ergibt sich, dass für Verbraucher*innen keine unmittelbare Notwendigkeit besteht, kultiviertes Fleisch zu akzeptieren. Vielmehr bleibt es eine freiwillige Entscheidung, ob und in welchem Maße diese Technologie genutzt wird, da sie das bestehende Angebot erweitert und nicht zwingend ersetzt.

Die Akzeptanz eines Produkts durch Verbraucher*innen lässt sich grundsätzlich in verschiedene Phasen unterteilen, wie sie im *Diffusion-of-Innovations*-Modell von Rogers (2005) beschrieben werden. Diese Phasen sind: Wissen (Knowledge), Überzeugung *(Persuasion),* Entscheidung *(Decision),* Implementierung *(Implementation)* und Bestätigung *(Confirmation).* Sie verdeutlichen, wie sich eine Innovation verbreitet und Akzeptanz findet. Der Prozess beginnt, wenn eine Person erstmals auf eine Innovation, in diesem Fall kultiviertes Fleisch, aufmerksam wird. Anschließend bildet sich die Person eine Meinung zu dem Produkt. Diese Phase der Überzeugung ist bei Lebensmittelinnovationen oft entscheidend. Insbesondere bei kultiviertem Fleisch werden häufig einzelne Aspekte der Herstellung – zum Beispiel durch NGOs, Wissenschaftler*innen oder die Medien – aufgegriffen und in die öffentliche Diskussion eingebracht. Dies war auch bei der grünen Gentechnik der Fall (Siegrist und Hartmann 2020). Solche Debatten tragen wesentlich zur Meinungsbildung bei und beeinflussen letztlich, ob eine Person sich für oder gegen den Kauf des Produkts entscheidet, sobald das Produkt verfügbar ist.

In der nächsten Phase würde kultiviertes Fleisch ausprobiert und bewertet. Neben dem Geschmack spielen dabei weitere sensorische Eigenschaften wie Textur oder Geruch eine Rolle. Schließlich entscheidet die Person, ob sie das Produkt regelmäßig konsumieren und möglicherweise weiterempfehlen würde. Die individuelle Bereitschaft, ein neues Produkt früh oder spät zu übernehmen, hängt von bestimmten Voraussetzungen ab (siehe Abschn. 9.3) und erlaubt die Einteilung in verschiedene Adoptorengruppen: Innovatoren (2,5 %), frühe Anwender (13,5 %), frühe Mehrheit (34 %), späte Mehrheit (34 %), Nachzügler (16 %).

Betrachtet man die technologischen Voraussetzungen für die Herstellung von kultiviertem Fleisch zusammen mit den Erfordernissen eines sozio-institutionellen Wandels, zeigt sich ein differenziertes Bild: Im Vergleich zu anderen Fleischalternativen wie Hülsenfrüchten, Eiern oder Käse, die nur einen geringen Grad an sozio-institutionellem Wandel erfordern, ist bei kultiviertem Fleisch eine deutlich stärkere Anpassung in der Soziologie des Essens notwendig. Während Hülsenfrüchte schon lange Teil der deutschen Esskultur sind, kann der Herstellungsprozess von kultiviertem Fleisch bei Personen eine Abneigung gegenüber neuartigen Lebensmitteltechnologien (Fachbegriff: *Food Technology Neophobia*) auslösen. Ein ähnliches Beispiel ist die Abneigung von Verbraucher*innen gegenüber gentechnisch verändertem Soja. Dabei geht es nicht um eine Abneigung gegen die Hülsenfrucht selbst, sondern gegen den Herstellungsprozess. Gleichzeitig ist der erforderliche sozio-institutionelle Wandel jedoch weniger tiefgreifend als bei der Einführung von Insekten als Nahrungsmittel, die kein traditionelles Lebensmittel in Deutschland oder Europa darstellen.

Im Hinblick auf die technologischen Herausforderungen sind die Anforderungen bei kultiviertem Fleisch ebenfalls moderat: Sie liegen zwar höher als bei etablierten Alternativen wie Hülsenfrüchten, aber niedriger als bei der Produktion von Insekten oder Mikroalgen.

9.3 Grundlegende Faktoren der Konsumierendenakzeptanz

Konsumierendenakzeptanz von Lebensmitteln wird von zahlreichen Faktoren beeinflusst. In Gegensatz zu anderen Technologien werden Lebensmittel nicht nur genutzt, sondern auch verzehrt und verdaut. Dies führt dazu, dass unbekannte Herstellungsprozesse potenziell als Gesundheitsrisiken wahrgenommen werden (Meijer et al. 2021) und von Laien im Vergleich zu Expertinnen und Experten oft verzerrt eingeschätzt werden. Darüber hinaus greifen Verbraucher*innen bei der Auswahl von Lebensmitteln häufig auf Heuristiken zurück – mentale Abkürzungen, die Entscheidungen vereinfachen (Siegrist und Hartmann 2020).

Eine wichtige Rolle spielt hierbei die Effektheuristik, bei der Entscheidungen eher unbewusst und auf der Basis von Emotionen getroffen werden, während gleichzeitig potenzielle Risiken und Nutzen abgewogen werden. Ebenfalls bedeutsam sind Vertrauensheuristiken. Beim Thema kultiviertes Fleisch ist das Vertrauen in lebensmittelproduzierende Unternehmen und die Lebensmittelbranche insgesamt ein entscheidender Faktor. Grundsätzlich hat die Fleischbranche in Deutschland mit einem eher negativen Image zu kämpfen, was unter anderem auf Lebensmittelskandale wie den Gammelfleisch-Skandal und die teils prekären Arbeitsbedingungen in Schlachthöfen zurückzuführen ist. Zudem spielt das Vertrauen in Institutionen eine zentrale Rolle, wie beispielsweise in die EFSA *(European Food Safety Authority),* die als zuständige Zulassungsbehörde in der Europäischen Union agiert. Ein weiterer relevanter Entscheidungsmechanismus ist die sogenannte „Natürlich-ist-besser"-Heuristik (Rozin 2005). Dieser Begriff beschreibt die Tendenz von Verbraucher*innen, natürlichere Lebensmittel als qualitativ hochwertiger oder besser zu bewerten, selbst wenn es objektiv keine Vorteile gibt. Dabei wird oft der Herstellungsprozess als wichtiger wahrgenommen als das eigentliche Endprodukt.

Gleichzeitig agieren Verbraucher*innen nicht isoliert, sondern stehen unter dem Einfluss systemischer Rahmenbedingungen, die ihre Entscheidungen prägen. Diese Umwelteinflüsse und ihre Auswirkungen auf die Akzeptanz neuer Lebensmitteltechnologien werden im nächsten Abschnitt ausführlicher behandelt.

In der Forschung zur Analyse von Ernährungsverhalten ist es entscheidend, sowohl das individuelle Verhalten (Mikroebene) als auch gesellschaftliche Einflüsse (Makroebene) zu betrachten. Dabei spielen die unterschiedlichen Umwelten, in denen Verbraucher*innen Entscheidungen treffen, eine zentrale Rolle. Ein hilfreicher Ansatz, um die Faktoren zu kategorisieren, die das Essverhalten beeinflussen, ist ein Schalenmodell der Ernährungsumgebung (Story et al. 2008). Dieses Modell beschreibt, wie verschiedene Umweltebenen in Wechselwirkung stehen und gemeinsam die Lebensmittelauswahl beeinflussen.

Auf der individuellen Ebene wirken biologische und demografische Faktoren, wie Alter, Geschlecht, Einkommen oder Bildungsstand. Hinzu kommen persönliche Einstellungen und Überzeugungen gegenüber Lebensmitteln, die häufig mit kulturellen

Prägungen oder Erfahrungen zusammenhängen. Diese Ebene ist zentral für die Bewertung neuer Lebensmittel, beispielsweise von kultiviertem Fleisch, da individuelle Skepsis oder Offenheit maßgeblich die Akzeptanz beeinflussen können.

Das soziale Umfeld, bestehend aus Familie, Freunden und anderen sozialen Gruppen, spielt eine zentrale Rolle bei der Wahrnehmung und Akzeptanz von Lebensmitteln. Gemeinsame Mahlzeiten, Gespräche und die sozialen Dynamiken innerhalb einer Gemeinschaft prägen maßgeblich, welche Lebensmittel als akzeptabel oder wünschenswert gelten. Besonders bei neuen Lebensmitteln und Technologien, wie kultiviertem Fleisch, können die Meinungen aus dem sozialen Umfeld entscheidend sein. Unterstützende Äußerungen, die die Technologie befürworten, können die Akzeptanz fördern, während kritische Stimmen und geäußerte Bedenken eine ablehnende Haltung begünstigen können.

Die physische Umgebung beschreibt die Verfügbarkeit und Zugänglichkeit von Lebensmitteln. Orte wie Supermärkte, Kantinen oder das Arbeitsumfeld bestimmen, welche Optionen Verbraucher*innen zur Verfügung stehen. Wenn kultiviertes Fleisch auf breiter Ebene in gängigen Verkaufsstellen erhältlich ist, steigt die Wahrscheinlichkeit, dass es gekauft wird.

Auf der Makroebene beeinflussen gesellschaftliche Normen und Werte sowie wirtschaftliche und politische Strukturen die Lebensmittelauswahl. Lebensmittelsicherheit, Agrarpolitik und die Art und Weise, wie Nahrungsmittel produziert und verteilt werden, prägen die Rahmenbedingungen, innerhalb derer Verbraucher*innen Entscheidungen treffen. Die Einführung kultivierten Fleisches hängt daher nicht nur von der Akzeptanz auf individueller oder sozialer Ebene ab, sondern auch von der politischen und wirtschaftlichen Unterstützung sowie von gesellschaftlichen Debatten über Nachhaltigkeit und Ethik.

Dieses systemische Modell zeigt, wie vielschichtig die Faktoren sind, die die Akzeptanz neuer Lebensmittel beeinflussen. Um kultiviertes Fleisch erfolgreich in den Markt zu integrieren, ist es daher notwendig, sowohl die individuellen als auch die strukturellen Rahmenbedingungen zu berücksichtigen.

9.4 Konsumierendenakzeptanz im Kauf- und Konsumkontext

Derzeit ist kultiviertes Fleisch weder in Deutschland noch in der EU erhältlich. Akzeptanz- und Konsumstudien basieren daher zwangsläufig auf hypothetischen Szenarien. Dennoch ist es wichtig, die Mechanismen der Kaufentscheidungen und -prozesse im Lebensmitteleinzelhandel (LEH) zu analysieren, um das Potenzial für die Einführung solcher Produkte besser zu verstehen. Im Folgenden wird die Entscheidungsfindung der Verbraucher*innen im LEH eingeordnet, während Abschn. 9.5 die entsprechenden wissenschaftlichen Erkenntnisse zur Akzeptanz von kultiviertem Fleisch in Deutschland zusammenfasst.

Kaufentscheidungen im LEH zeichnen sich häufig durch ein geringes Engagement der Verbraucher*innen aus (*Low-Involvement*-Entscheidungen). Gewohnheitskäufe und spontane Impulskäufe dominieren, während bewusst reflektierte Entscheidungen eine untergeordnete Rolle spielen. Hinzu kommt die Herausforderung der Informationsüberlastung *(Information Overload):* Verbraucher*innen stehen einer Vielzahl von Produkten, Labels und Werbebotschaften gegenüber, was kognitive Entscheidungen unter vollständiger Informationsbetrachtung zusätzlich erschwert. Diese Dynamik macht es besonders anspruchsvoll, innovative Produkte wie kultiviertes Fleisch erfolgreich im Markt zu positionieren. Weiterhin zeigt der Ernährungsreport des BMEL (2023), dass lediglich 26 % der Befragten kultiviertes Fleisch als geeignet ansehen, um eine wachsende Weltbevölkerung ausreichend zu ernähren. Allerdings zeigt sich im Vergleich zu 2020 eine gesteigerte Zustimmung um sechs Prozentpunkte. Aus kommunikationswissenschaftlicher Sicht ist es problematisch – und das könnte zur geringen Zustimmung beitragen –, dass in der Befragung Begriffe wie „In-vitro-Fleisch“ oder „Labor“ verwendet werden. Diese Wortwahl widerspricht einer neutralen Darstellung und beeinflusst die Wahrnehmung negativ.

Zudem zeigt die Befragung, dass zwar 82 % der Teilnehmenden zustimmen, die „Bevölkerung“ müsse ihren Fleischkonsum reduzieren, um eine ausreichende Ernährung der Weltbevölkerung zu gewährleisten, jedoch nur 58 % bereit sind, selbst auf Fleisch zu verzichten. Dieses Ergebnis verdeutlicht die sogenannte Einstellungs-Verhaltens-Lücke. Obwohl das Bewusstsein für Themen wie Klimawandel oder die Abnahme der Biodiversität bzw. der biologischen Vielfalt wächst (de Boer & Aiking 2021), wählen Verbraucher*innen oft Produkte, die Geschmack, Bequemlichkeit und Preis über Nachhaltigkeit stellen (Poore & Nemecek 2018). Ein Beispiel ist die weiterhin hohe Nachfrage nach Fleisch aus intensiver Nutztierhaltung, die Entwaldung, Treibhausgasemissionen und Tierschutzprobleme begünstigt – trotz verfügbarer Alternativen wie pflanzliche Proteinquellen. Zahlreiche Studien untersuchen die Ursachen dieser Kluft. Psychologische Aspekte wie kognitive Verzerrungen und begrenzte Rationalität spielen eine zentrale Rolle (Kahneman 2011). Viele Verbraucher*innen priorisieren den unmittelbaren Genuss und nutzen Heuristiken, ohne den langfristigen Folgen ihrer Entscheidungen starken Einfluss zu geben (Cohen & Babey 2012, siehe Abschn. 9.3).

9.5 Treiber, Vorbehalte und Bedenken deutscher Konsumierender

Da kultiviertes Fleisch global bislang nur sehr begrenzt und in der EU bzw. Deutschland noch gar nicht erhältlich ist, basieren die derzeitigen Konsumierendenakzeptanzstudien auf hypothetischen Annahmen. Für deutsche Verbraucher*innen haben Weinrich et al. (2020) erstmals in 2018 repräsentativ die Akzeptanz von kultiviertem Fleisch analysiert. Die Ergebnisse zeigen folgendes Bild: 57 % der Befragten würden kultiviertes Fleisch probieren. Dies wird durch eine Studie von Jacobs et al. (2024) aus dem Jahr 2022 bestätigt. Die Untersuchung von Dupont et al. (2022) zeigt, dass 58 % der Befragten bereit wären, einen Burgerpatty aus kultiviertem Fleisch zu konsumieren. Weitere 30 % geben an, sich vorstellen zu können, kultiviertes Fleisch regelmäßig zu essen (Weinrich et al. 2020).

Soziodemografische Faktoren haben dabei nur begrenzten Einfluss. Höhere Bildung, ein höheres Einkommen und ein jüngeres Alter wirken sich positiv auf das Vorwissen zu kultiviertem Fleisch aus (Baum et al. 2023; Weinrich et al. 2020). Ebenso tragen grüne Konsumwerte (Dupont et al. 2022) zu einer positiven Einstellung bei. Vorwissen wiederum beeinflusst die Wahrnehmung der ethischen Vorteile von kultiviertem Fleisch (z. B. Umweltfreundlichkeit, Tierwohl). Diese Einstellung korreliert mit einem globalen Verbreitungsoptimismus (z. B. die Erwartung erschwinglicher Preise oder eines Beitrags zur Hungerbekämpfung), der ebenso wie ethische Vorteile die Akzeptanz fördert.

Vorbehalte und Bedenken hingegen betreffen vor allem einen erwarteten schlechteren Geschmack oder die empfundene Unnatürlichkeit des Produkts (Weinrich et al. 2020). Ein weiterer negativer Einflussfaktor ist eine hohe Ausprägung der *Food Technology Neophobia* (Baum et al. 2021; Dupont et al. 2022), also eine Abneigung gegenüber neuen Lebensmitteltechnologien. Diese korreliert mit der „Natürlich-ist-besser"-Heuristik (siehe Abschn. 9.3). Diese Einflussfaktoren stehen auch in Verbindung mit der Informationsvermittlung zu kultiviertem Fleisch (Baum et al. 2021). Textliche oder bildliche Informationseffekte zeigen laut Baum et al. (2023) keinen signifikanten Einfluss. Bryant et al. (2020) fanden jedoch heraus, dass positive Informationen zu Themen wie Antibiotikaresistenz und Lebensmittelsicherheit überzeugender wirken als solche mit Fokus auf Tierwohl oder Umweltschutz.

Darüber hinaus zeigt sich, dass die Akzeptanz von kultiviertem Fleisch in Deutschland höher ist als in Frankreich. Auffällig ist auch, dass Arbeitnehmende aus dem Agrarsektor bzw. der Fischwirtschaft signifikant aufgeschlossener gegenüber kultiviertem Fleisch sind als Personen aus anderen Branchen (Bryant et al. 2020). Zusammenfassend belegen die bisherigen wissenschaftlichen Studien, dass eine Mehrheit der deutschen Verbraucher*innen kultiviertes Fleisch zumindest probieren würde.

9.6 Fazit und Ausblick

Die erfolgreiche Markteinführung eines Produkts hängt nicht nur von der Technologie, sondern auch von der Akzeptanz der Verbraucher*innen ab. Diese Akzeptanz lässt sich in Phasen unterteilen: Wissen, Überzeugung, Entscheidung, Implementierung und Bestätigung (*Diffusion-of-Innovations*-Modell). Insbesondere die Überzeugungsphase ist entscheidend, da die öffentliche Wahrnehmung durch Medien und Diskussionen beeinflusst wird.

Weiterhin spielen Heuristiken wie die „Natürlich-ist-besser"-Heuristik und Vertrauen in Hersteller eine zentrale Rolle in der Entscheidungsfindung. Verbraucher*innen treffen oft unbewusste Entscheidungen basierend auf Emotionen, was die Akzeptanz neuer Technologien beeinflusst. Das soziale Umfeld, bestehend aus Familie und Freunden, sowie die physische Umgebung, in der Produkte verfügbar sind, beeinflussen ebenfalls die Konsumentscheidung. Zudem sind gesellschaftliche Normen, wirtschaftliche und politische Rahmenbedingungen entscheidend für die breite Akzeptanz.

Zur Förderung der Akzeptanz von kultiviertem Fleisch sind gezielte Kommunikationsstrategien notwendig, die auf die positiven Aspekte wie Umweltfreundlichkeit und Tierwohl fokussieren. Gleichzeitig sollten Bedenken bezüglich des Geschmacks und der Unnatürlichkeit kommunikativ adressiert werden. Auch eine breite Verfügbarkeit und die Unterstützung durch das soziale Umfeld sind entscheidend, um das Produkt in den Markt zu integrieren. Insgesamt zeigen mehrere wissenschaftliche Studien ein hohes Potenzial für die Akzeptanz von kultiviertem Fleisch in Deutschland auf.

Literatur

Baum CM, Bröring S, Lagerkvist CJ (2021) Information, attitudes, and consumer evaluations of cultivated meat. Food Qual Prefer 92:104226. https://doi.org/10.1016/j.foodqual.2021.104226

Baum CM, De Steur H, Lagerkvist CJ (2023) First impressions and food technology neophobia: examining the role of visual information for consumer evaluations of cultivated meat. Food Qual Prefer 110:104957. https://doi.org/10.1016/j.foodqual.2023.104957

Baybars M, Ventura K, Weinrich R (2023) Can in vitro meat be a viable alternative for Turkish consumers? Meat Sci 201:109191. https://doi.org/10.1016/j.meatsci.2023.109191

BMEL (2023) Deutschland, wie es isst: Der BMEL-Ernährungsreport 2023. https://www.bmel.de/SharedDocs/Downloads/DE/Broschueren/ernaehrungsreport-2023.html. Zugegriffen: 14. Jan. 2026

Bryant C, van Nek L, Rolland CM (2020) European markets for cultured meat: a comparison of Germany and France. Foods 9(9):1152. https://doi.org/10.3390/foods9091152

Cohen DA, Babey SH (2012) Contextual influences on eating behaviours: heuristic processing and dietary choices. Obes Rev 13(9):766–779. https://doi.org/10.1111/j.1467-789X.2012.01001.x

de Boer J, Aiking H (2021) Exploring food consumers' motivations to fight both climate change and biodiversity loss: combining insights from behavior theory and Eurobarometer data. Food Qual Prefer 94:104304. https://doi.org/10.1016/j.foodqual.2021.104304

Dupont J, Harms T, Fiebelkorn F (2022) Acceptance of cultured meat in Germany – application of an extended theory of planned behaviour. Foods 11(3):424. https://doi.org/10.3390/foods11030424

Meijer GW, Lähteenmäki L, Stadler RH et al (2021) Issues surrounding consumer trust and acceptance of existing and emerging food processing technologies. Crit Rev Food Sci Nutr 61(1):97–115. https://doi.org/10.1080/10408398.2020.1718597

Jacobs AK, Windhorst HW, Gickel J et al (2024) German consumers' attitudes toward artificial meat. Front Nutr 11:1401715. https://doi.org/10.3389/fnut.2024.1401715

Kahneman D (2011) Thinking, fast and slow. Farrar, Straus and Giroux, New York

Poore J, Nemecek T (2018) Reducing food's environmental impacts through producers and consumers. Science 360(6392):987–992. https://doi.org/10.1126/science.aaq0216

Rogers EM (2005) Diffusion of Innovations, 5. Aufl. Free Press, New York

Rozin P (2005) The meaning of „natural“ process more important than content. Psychol Sci 16(8):652–658. https://doi.org/10.1111/j.1467-9280.2005.01589.x

Siegrist M, Hartmann C (2020) Consumer acceptance of novel food technologies. Nat Food 1(6):343–350. https://doi.org/10.1038/s43016-020-0094-x

Story M, Kaphingst KM, Robinson-O'Brien R et al (2008) Creating healthy food and eating environments: policy and environmental approaches. Annu Rev Public Health 29:253–272. https://doi.org/10.1146/annurev.publhealth.29.020907.090926

Weinrich R, Strack M, Neugebauer F (2020) Consumer acceptance of cultured meat in Germany. Meat Sci 162:107924. https://doi.org/10.1016/j.meatsci.2019.107924

Willett W, Rockström J, Loken B et al (2019) Food in the anthropocene: the EAT–Lancet commission on healthy diets from sustainable food systems. Lancet 393(10170):447–492. https://doi.org/10.1016/S0140-6736(18)31788-4

Zwischen Neugier und Angst: Welche Faktoren beeinflussen die Akzeptanz von kultiviertem Fleisch?

10

Lara Schomaker, Lena Szczepanski und Florian Fiebelkorn

Zusammenfassung

Dieses Kapitel beleuchtet zentrale Einflussfaktoren auf die gesellschaftliche Akzeptanz von kultiviertem Fleisch in Deutschland. Studien zeigen, dass soziodemografische Merkmale wie Alter, Geschlecht, Bildungsstand und Wohnort dabei eine wichtige Rolle spielen. Insbesondere jüngere, männliche und in städtischen Gebieten lebende Personen zeigen sich offen für diese neuartige Proteinquelle. Auch individuelle Motive und Einstellungen beeinflussen die Konsumbereitschaft. Antizipierte ethische und ökologische Vorteile – etwa im Hinblick auf Tierwohl oder eine nachhaltigere Produktion – begünstigen eine positive Einstellung gegenüber kultiviertem Fleisch. Gleichzeitig stellen emotionale Reaktionen wie Ekel, Unsicherheiten bezüglich der gesundheitlichen Unbedenklichkeit sowie hohe Preisannahmen zentrale Hemmnisse dar. Als besonders prägend für die Ablehnung erscheint dabei die als „unnatürlich“

L. Schomaker (✉) · L. Szczepanski · F. Fiebelkorn
Fachbereich Biologie/Chemie, Abteilung Biologiedidaktik, Universität Osnabrück, Osnabrück, Deutschland
E-Mail: lara.schomaker@uos.de

L. Szczepanski
E-Mail: lena.szczepanski@uos.de

F. Fiebelkorn
E-Mail: florian.fiebelkorn@uos.de

N. Lin-Hi und I. Blumberg (Hrsg.), *Kultiviertes Fleisch*, SDG – Forschung, Konzepte, Lösungsansätze zur Nachhaltigkeit, https://doi.org/10.1007/978-3-662-73361-5_10

empfundene Beschaffenheit von kultiviertem Fleisch. Um diese Hürden zu überwinden, sind effektive Informations- und Marketingstrategien erforderlich – insbesondere eine transparente Kommunikation der ethischen und ökologischen Vorteile, der gesundheitlichen Unbedenklichkeit sowie der zugrunde liegenden Herstellungsprozesse. Das Kapitel betont zudem die Notwendigkeit eines integrativen Ansatzes, der Informations- und Bildungsmaßnahmen mit rechtlichen, politischen und wirtschaftlichen Rahmenbedingungen verbindet, um die gesellschaftliche Akzeptanz von kultiviertem Fleisch in Deutschland zu fördern.

10.1 Einleitung

Die Diskussion um kultiviertes Fleisch ist Teil einer breiteren Debatte über die Zukunft unserer Ernährungssysteme. Verschiedene aktuelle Studien weisen darauf hin, dass die deutsche Bevölkerung grundsätzlich aufgeschlossen gegenüber kultiviertem Fleisch ist (siehe Tab. 10.1). Die Ergebnisse deuten auf ein wachsendes Interesse an kultiviertem Fleisch in der deutschen Bevölkerung hin, das sich auch in einer zunehmenden medialen Aufmerksamkeit widerspiegelt (siehe Tab. 10.2). Auch wenn sich daraus nicht zwangsläufig ein hoher zukünftiger Konsum ableiten lässt, zeigen die Befunde doch ein deutliches Potenzial für eine wachsende Akzeptanz und Neugier gegenüber dieser innovativen Form der Fleischproduktion.

In diesem Kapitel werden zentrale Einflussfaktoren beleuchtet, die die Akzeptanz von kultiviertem Fleisch fördern oder hemmen. Zudem wird analysiert, welche Wirkung ausgewählte Informations- und Kommunikationsstrategien auf die Akzeptanz der Konsumierenden haben. Abschließend wird erörtert, wie durch Aufklärungs- und Marketingmaßnahmen Vorbehalte reduziert und die gesellschaftliche Akzeptanz gezielt gefördert werden könnten. In diesem Zusammenhang wird „Akzeptanz" als ein umfassender Begriff verstanden, der verschiedene Formen der Verhaltensintention umfasst: von der Bereitschaft, kultiviertes Fleisch zu probieren, über den Kauf und den regelmäßigen Verzehr bis hin zur Bereitschaft, mehr dafür zu bezahlen oder es als Ersatz für herkömmliches Fleisch zu nutzen.

Tab. 10.1 Akzeptanz der deutschen Bevölkerung gegenüber kultiviertem Fleisch. Die Tabelle zeigt zentrale Ergebnisse zur Akzeptanz von kultiviertem Fleisch in Deutschland. Prozentwerte geben den Anteil der Befragten mit einer positiven Einstellung an; wo nur Mittelwerte (M, SD) vorliegen, sind diese angegeben. Erläuterungen zu Skalen und Antwortoptionen finden sich in den Fußnoten unter der Tabelle

Studie	Erhebungsjahr	Stichprobe	Alter	Geschlecht	Produkt	Item/Fragestellung[4]	Zustimmung
Dupont und Fiebelkorn (2020)	2018	n = 718	Ø 13,7 Jahre	42,5 % ♂/ 57,5 % ♀	In-vitro-Fleisch-Burger	Wie wahrscheinlich ist es, dass Sie diesen In-vitro-Fleisch-Burger probieren würden?	$M = 2{,}39$ (1,45)[1]
Weinrich et al. (2020)	2018	n = 713	Ø 45,1 Jahre	47,3 % ♂/ 52,7 % ♀	In-vitro-Fleisch	Wären Sie bereit, In-vitro-Fleisch zu probieren?	57 %[7]
						Wären Sie bereit, In-vitro-Fleisch regelmäßig zu essen?	30 %[7]
Dupont et al. (2022)	2019	n = 497	Ø 49,9 Jahre	50,1 % ♂/ 49,9 % ♀	In-vitro-Fleisch-Burger	Wie wahrscheinlich ist es, dass Sie In-vitro-Fleisch-Burger probieren bzw. kaufen würden?	$M = 4{,}88$ (2,03) /$M = 4{,}06$ (2,05)[2]
Bryant et al. (2020)	2019	n = 1.000	Ø 41,5 Jahre	50,8 % ♂/ 49,2 % ♀	Kultiviertes Fleisch	Wären Sie bereit, kultiviertes Fleisch zu probieren?	58,3 %[5]
						Wären Sie bereit, kultiviertes Fleisch zu kaufen, wenn es im Handel erhältlich ist?	55,7 %[5]

(Fortsetzung)

Tab. 10.1 (Fortsetzung)

Studie	Erhebungsjahr	Stichprobe	Alter	Geschlecht	Produkt	Item/Fragestellung[4]	Zustimmung
Lin-Hi et al. (2023)	2021	n = 966	Ø 45,5 Jahre	49 % ♂/ 51 % ♀	Hamburger mit kultiviertem Fleisch	Ich kann mir vorstellen, einen Hamburger mit kultiviertem Fleisch in einem Restaurant zu bestellen	$M = 4{,}33$ (1,70)[3]
Lanz et al. (2024)	2022	n = 1.012	Ø 45 Jahre	48,8 % ♂/ 50,7 % ♀	Kultiviertes Steak	Wie wahrscheinlich ist es, dass Sie dieses Produkt (kultiviertes Steak) essen würden?	39,6 %[6]
Jacobs et al. (2024)	2021/2022	n = 3.558	18–30 Jahre 38,0 % 31–50 Jahre 41,5 % ≥ 51 Jahre 20,5 %	38,3 % ♂/ 59,8 % ♀	Künstliches Fleisch	Würden Sie künstliches Fleisch probieren?	68,8 %[7]
						In welchem Rahmen würden Sie künstliches Fleisch regelmäßig zuhause essen?	46,5 %[7]
Wendt und Weinrich (2025)	2024	n = 1.099	Ø 49 Jahre	51,0 % ♂/ 49,0 % ♀	Kultiviertes Fleisch	Ich würde kultiviertes Fleisch kaufen	24,4 %[7]
						Ich würde kultiviertes Fleisch probieren	49,4 %[7]
						Ich würde kultiviertes Fleisch regelmäßig konsumieren	13,3 %[7]

(Fortsetzung)

Tab. 10.1 (Fortsetzung)

Studie	Erhebungsjahr	Stichprobe	Alter	Geschlecht	Produkt	Item/Fragestellung[4]	Zustimmung
Lanz et al. (2025)	2024	n = 566	Ø 29 Jahre	44,5 % ♂/ 53,2 % ♀	Kultiviertes Fleisch	Ich (Omnivor) würde kultiviertes Fleisch probieren	$M = 4{,}20$ (1,59)[2]
						Ich (Vegetarier) würde kultiviertes Fleisch probieren	$M = 3{,}48$ (1,91)[2]

Hinweise: [1]5-Punkt-bipolare Skala (−2 = sehr unwahrscheinlich; +2 = sehr wahrscheinlich); [2]7-Punkt-bipolare -Skala (−3 = sehr unwahrscheinlich; +3 = sehr wahrscheinlich); [3]7-Punkt-Likert-Skala (1 = stimme gar nicht zu; 7 = stimme voll zu); [4]Die Benennung des Produkts aus der Studie wurde übernommen, um Vergleichbarkeit zu schaffen; [5]Antwortmöglichkeiten waren: Ja, Vielleicht, Nein. Die hier angegebene Prozentzahl zeigt nur ‚Ja'.; [6]Skala von 0 (ungesund/mit Sicherheit nicht) bis 100 (gesund/mit Sicherheit); [7]Prozentualer Anteil der Personen, die auf der Skala die zwei höchsten Formen der Zustimmung angegeben haben.

Tab. 10.2 Begriffsnutzung für kultiviertes Fleisch in deutschen Medien (2020–2022) (Gesamtzahl der analysierten Artikel: 3.634)

	Anzahl der Artikel[1]			
Begriff	in 2020	in 2021	in 2022	2020–Januar 2022
Laborfleisch	235	693	13	941
In-vitro-Fleisch	338	452	10	800
Kultiviertes Fleisch	126	499	28	653
Künstliches Fleisch	79	266	13	358
Zelluläre Landwirtschaft	125	150	27	282
Synthetisches Fleisch	14	138	3	155
Gezüchtetes Fleisch	65	83	7	155
Zellbasiertes Fleisch	15	100	1	126
Falsches Fleisch	16	9	0	25

Adaptiert nach Armour et al. (2023); [1] In die Analyse eingegangen sind deutschsprachige Print und Online-Medienberichte, die zwischen dem 1. Januar 2020 und dem 25. Januar 2022 veröffentlicht wurden.

10.2 Positive Einflussfaktoren auf die Akzeptanz von kultiviertem Fleisch

Im sozialpsychologischen Sinne versteht man unter einer Einstellung eine relativ stabile, generalisierte Bewertung eines Objekts, einer Person, einer Gruppe oder eines Konzepts entlang einer Dimension, die von positiv bis negativ reicht. Einstellungen entstehen durch persönliche Erfahrungen oder persuasive Kommunikation und beeinflussen Verhaltensintentionen sowie das tatsächliche Verhalten. Im Kontext alternativer Proteinquellen, insbesondere von kultiviertem Fleisch, gelten Einstellungen als zentrale erklärende Variable für die Entstehung von Akzeptanz (Dupont & Fiebelkorn 2020; Dupont et al. 2022; Jacobs et al. 2024). In zwei Studien (Dupont & Fiebelkorn 2020; Dupont et al. 2022) wurde die Einstellung zu kultiviertem Fleisch auf einer Skala von 0 („stimme überhaupt nicht zu“) bis 4 („stimme voll zu“) erfasst. In den Studien mit Kindern und Jugendlichen zeigte sich eine insgesamt eher positive Bewertung von kultiviertem Fleisch. Ein Burger aus kultiviertem Fleisch wurde beispielsweise als lecker, sauber und umweltfreundlich beschrieben, zugleich aber deutlich als künstlich und nur selten als natürlich wahrgenommen (Dupont & Fiebelkorn 2020).

Auch Erwachsene in Deutschland stehen kultiviertem Fleisch positiv gegenüber. In einer aktuellen Befragung von 3.558 Personen gaben 70 % an, kultiviertes Fleisch probieren zu wollen, und 58 % könnten sich einen regelmäßigen Konsum vorstellen. Die Hauptmotive waren ethische Gründe (63 %), Neugier (52 %) und Umweltschutz (49 %) (Jacobs et al. 2024). Der Aspekt der Natürlichkeit wurde von Erwachsenen ähnlich kritisch bewertet wie von Kindern und Jugendlichen. Er stellt ein zentrales Hindernis für die Akzeptanz dar (Dupont & Fiebelkorn 2020; Dupont et al. 2022).

Ein weiterer zentraler psychologischer Einflussfaktor für die Akzeptanz von kultiviertem Fleisch sind die *Green Consumption Values.* Dabei handelt es sich um wertebasierte Einstellungen, die den Einfluss persönlicher ökologischer und umweltbezogener Werte auf Konsum- und Kaufentscheidungen widerspiegeln (Dupont et al. 2022). Personen mit ausgeprägten *Green Consumption Values* legen beim Einkauf besonderen Wert auf Nachhaltigkeit und Umweltfreundlichkeit. In der genannten Studie erwiesen sich diese Werte als stärkster positiver Prädiktor der allgemeinen Einstellung gegenüber kultiviertem Fleisch. Ihr Einfluss auf die Bereitschaft, einen Burger aus kultiviertem Fleisch zu konsumieren, war jedoch nicht direkt, sondern wurde über die generelle Einstellung vermittelt. Zusammenfassend zeigt sich: Je ausgeprägter die *Green Consumption Values* einer Person sind, desto positiver ist ihre Einstellung zu kultiviertem Fleisch – und desto wahrscheinlicher ist die Absicht, dieses auch tatsächlich zu konsumieren (Dupont et al. 2022).

10.3 Negative Einflussfaktoren auf die Akzeptanz von kultiviertem Fleisch

Trotz einer grundsätzlich vorhandenen Offenheit gegenüber kultiviertem Fleisch haben viele Konsumierende auch Vorbehalte gegenüber dieser Innovation. Diese äußern sich unter anderem in Bedenken hinsichtlich der Produktsicherheit, die häufig aus einer fehlenden Vertrautheit mit dem Produkt selbst, den Herstellern oder der zugrunde liegenden Lebensmitteltechnologie resultieren. Solche Unsicherheiten sind zentrale Barrieren für die Akzeptanz. In Deutschland genießen Großunternehmen in der Lebensmittelbranche oftmals ein höheres Vertrauen in Bezug auf Lebensmittelsicherheit. Zugleich sind es derzeit aber vor allem Start-ups, die an der Entwicklung von kultiviertem Fleisch arbeiten. Eine Kooperation zwischen Start-ups und etablierten Großunternehmen könnte daher dazu beitragen, sicherheitsbezogene Bedenken zu verringern, da potenzielle Konsumierende das Produkt in diesem Fall als vertrauenswürdiger und sicherer wahrnehmen würden (Lin-Hi et al. 2023). Eine transparente Kommunikation des Herstellungsprozesses sowie der rechtlichen Genehmigungsprozesse von kultiviertem Fleisch könnte ebenfalls dazu beitragen, Sicherheitsbedenken bei den potenziellen Konsumierenden abzubauen (Bryant et al. 2020).

Ein weiterer zentraler Einflussfaktor auf die Akzeptanz von kultiviertem Fleisch ist der erwartete Preis. Laut Jacobs et al. (2024) sind nur etwa 40 % der Befragten bereit, für kultiviertes Fleisch den gleichen Preis wie für konventionelles Fleisch zu zahlen. Ein Aufpreis wurde von der Mehrheit der Proband*innen abgelehnt. Diese Preissensitivität wird durch weitere Studien bestätigt. Diese identifizieren den Preis – neben Geschmack und gesundheitlichen Aspekten – als eines der drei wichtigsten *Food Choice Motives* (Motive für die Auswahl von Lebensmitteln) in Deutschland (Bryant & Barnett 2020; Weinrich et al. 2020). Somit ist abzusehen, dass kultiviertes Fleisch in Deutschland nur geringe Chancen auf breite Akzeptanz in der deutschen Bevölkerung haben wird, wenn es teurer ist, weniger gut schmeckt oder nicht als gesundheitlich unbedenklich wahrgenommen wird. Besonders in der frühen Phase der Markteinführung dürfte der Preis ein entscheidender Faktor für die Akzeptanz bei Verbraucher*innen sein.

Auch die Wahrnehmung von (Un-)Natürlichkeit spielt eine zentrale Rolle für die Akzeptanz von kultiviertem Fleisch. In der Studie von Jacobs et al. (2024) gaben rund 30 % der Befragten „Unnatürlichkeit" als Hauptgrund für ihre Ablehnung von kultiviertem Fleisch an. In anderen Studien wird kultiviertes Fleisch von vielen Menschen als „künstlich" oder „technisch" wahrgenommen, was das Vertrauen in das Produkt beeinträchtigt (Dupont & Fiebelkorn 2020; Dupont et al. 2022; Laestadius 2015; Verbeke et al. 2015). Dies betrifft insbesondere Menschen, denen Natürlichkeit bei Lebensmitteln wichtig ist (Bryant & Barnett 2020). Da jedoch auch die konventionelle Fleischproduktion technisch geprägt ist, wird der Begriff „natürlich" in der ethischen Debatte zunehmend als unscharf und emotional aufgeladen hinterfragt (Schaefer & Savulescu 2014).

Weitere zentrale psychologische Einflussfaktoren, die die Akzeptanz von kultiviertem Fleisch mindern können, sind *Food Disgust, Food Neophobia* und *Food Technology Neophobia. Food Disgust* bezeichnet eine erhöhte Empfindlichkeit gegenüber potenziell ekelerregenden Merkmalen von Lebensmitteln – etwa sichtbaren tierischen Bestandteilen, ungewöhnlichen Texturen oder einem wahrgenommenen Hygienemangel. In einer Studie von Dupont et al. (2022) zeigte sich, dass Personen mit hoher *Food-Disgust*-Ausprägung deutlich seltener bereit waren, kultiviertes Fleisch zu konsumieren – und dies nicht aus spezifischer Ablehnung gegenüber kultiviertem Fleisch, sondern aufgrund einer höheren Sensibilität gegenüber als unappetitlich empfundenen Situationen im Lebensmittelkontext. *Food Neophobia* – also die Angst vor neuartigen Lebensmitteln – steht in einem negativen Zusammenhang mit der Akzeptanz kultivierten Fleisches – insbesondere bei älteren Personen sowie bei Personen mit geringerem Vorwissen über das Produkt (Dupont et al. 2022). *Food Technology Neophobia* – also die Abneigung gegenüber neuartigen Lebensmitteltechnologien – erwies sich als der stärkste negative Einflussfaktor für die Akzeptanz eines Burgers aus kultiviertem Fleisch.

Zudem identifizierten Bryant und Barnett (2020) Ekelreaktionen als eine der häufigsten Akzeptanzbarrieren, insbesondere in westlichen Gesellschaften. Diese basieren auf der Wahrnehmung, dass kultiviertes Fleisch unnatürlich oder moralisch fragwürdig sei. Solche Reaktionen gelten als moralischer Ekel, also eine Ablehnung, die kulturelle oder ethische Normen widerspiegelt, und nicht auf objektiven Produkteigenschaften beruht (Bryant & Barnett 2020).

10.4 Einfluss von Informationen und Namensgebung

Mehrere Studien zeigen, dass Informationsangebote über gesundheitliche oder praktische Vorteile – etwa eine höhere Lebensmittelsicherheit – die Akzeptanz von kultiviertem Fleisch deutlich erhöhen können (Bryant et al. 2020; Rolland et al. 2020). Auch ethisch motivierte Argumente wie Umwelt- und Tierschutz wirken sich positiv auf die

Einstellungen aus. In der Studie von Rolland et al. (2020) zeigte sich, dass die Akzeptanz von kultiviertem Fleisch signifikant ansteigt, wenn Verbraucher*innen entweder Informationen über persönliche Vorteile (z. B. gesundheitliche Sicherheit und Nährstoffzusammensetzung) oder über gesellschaftliche Vorteile (z. B. Umwelt- und Tierschutz) erhalten.

Bryant und Barnett (2020) betonen, dass sicherheitsbezogene Bedenken potenzieller Konsument*innen durch gezielte Informationen verringert werden können. Wichtig seien dabei eine transparente Darstellung des Herstellungsprozesses, Hinweise zur behördlichen Zulassung sowie Aufklärung über persönliche Vorteile, wie gesundheitliche Unbedenklichkeit oder Nährstoffgehalt (Bryant & Barnett 2020).

Die Akzeptanz von kultiviertem Fleisch kann demnach gefördert werden, wenn potenzielle ökologische Vorteile im Vergleich zu konventionellem Fleisch transparent kommuniziert werden – etwa in Bezug auf Treibhausgasemissionen, Wasser- und Flächenverbrauch. Da bisherige Analysen des Nachhaltigkeitspotenzials von kultiviertem Fleisch jedoch lediglich auf hypothetischen Szenarien basieren (siehe Kap. 7) und ihre Aussagekraft dadurch eingeschränkt ist, sollte die Nachhaltigkeitskommunikation stets realistisch und transparent erfolgen. Pauschale Nachhaltigkeitsversprechen sollten vermieden werden.

Darstellungen, die kultiviertes Fleisch als besonders „natürlich" hervorheben, wirken auf viele Konsument*innen wenig überzeugend. Eine umgekehrte Argumentation kann hingegen die Akzeptanz von kultiviertem Fleisch steigern: Anstatt kultiviertes Fleisch als „natürlich" zu präsentieren, kann es hilfreicher sein, die „Unnatürlichkeit" der heutigen konventionellen Fleischproduktion hervorzuheben – etwa durch Hinweise auf Massentierhaltung oder industrielle Schlachtprozesse (Bryant et al. 2019). Solche Gegenüberstellungen können dazu beitragen, kultiviertes Fleisch als technologische Alternative zu positionieren, die trotz ihrer Neuartigkeit ethische oder ökologische Vorteile bieten kann – ohne notwendigerweise als „natürlicher" oder „unnatürlicher" eingestuft werden zu müssen.

Ein weiterer Einflussfaktor für die Akzeptanz von kultiviertem Fleisch ist die verwendete Bezeichnung. In den Medien hat sich bislang kein einheitlicher Begriff durchgesetzt. Es werden unterschiedliche Bezeichnungen mit teils stark variierenden Konnotationen genutzt, etwa „zellbasiertes Fleisch", „künstliches Fleisch" oder *„Fake Meat"*.

Eine Analyse deutschsprachiger Medienberichte aus den Jahren 2020 bis 2022 zeigt jedoch (siehe Tab. 10.2), dass insbesondere die Begriffe „Laborfleisch" und *„In-vitro-*Fleisch" – die häufig mit negativen Assoziationen wie Künstlichkeit oder Unnatürlichkeit verbunden sind – weit verbreitet sind (Armour et al. 2023; Bryant & Barnett 2019; Friedrich 2021).

Im Gegensatz dazu wird der Begriff „kultiviertes Fleisch" deutlich positiver wahrgenommen. Er ruft Assoziationen zu Landwirtschaft, Wachstum und Natürlichkeit hervor und wird von Verbraucher*innen als klarer, vertrauenswürdiger und weniger techniklastig bewertet (Friedrich 2021).

Auch internationale Studien deuten darauf hin, dass sich der Begriff „kultiviertes Fleisch" im Vergleich zu anderen besonders gut für die öffentliche Kommunikation eignet (Malerich & Bryant 2022). Zwar lassen sich Begriffe nicht immer direkt übersetzen, doch es zeigt sich ein wachsender internationaler Konsens zugunsten der Bezeichnung *„cultivated meat"* (zu Deutsch: kultiviertes Fleisch). Diese Bezeichnung lässt sich auch in vielen europäischen Sprachen gut übertragen. Ergänzend dazu zeigen Befragungen innerhalb der Branche ein ähnliches Bild: Eine Studie des *Good Food Institute* ergab, dass 75 % der 44 befragten Unternehmen aus dem Bereich der zellulären Landwirtschaft den Begriff „kultiviertes Fleisch" für ihre Kommunikations- und Marketingstrategien bevorzugen (Friedrich 2021). Damit ergänzen sich die Ergebnisse aus Konsumierendenbefragungen und branchenspezifischen Einschätzungen und sprechen gemeinsam für den Einsatz des Begriffs „kultiviertes Fleisch" in der öffentlichen Kommunikation.

10.5 Fazit und Handlungsempfehlungen

Zu den zentralen Barrieren für die Akzeptanz von kultiviertem Fleisch zählen emotionale Reaktionen wie Ekel, eine geringe Vertrautheit mit dem Produkt, die wahrgenommene Unnatürlichkeit sowie gesundheitliche Bedenken. Auch die Wahrnehmung, dass kultiviertes Fleisch weniger Nährstoffe enthält oder teurer ist als herkömmliches Fleisch, kann die Akzeptanz deutlich verringern.

Um diesen Vorbehalten zu begegnen, empfehlen Lin-Hi et al. (2022, 2023) gezielte Informations- und Marketingstrategien. Besonders wirksam sind laut ihren Ergebnissen transparente Informationen zum Herstellungsprozess sowie Kooperationen mit etablierten Unternehmen, da diese das Vertrauen potenzieller Konsument*innen in die Hersteller stärken und damit die Kaufbereitschaft erhöhen. Hieraus lassen sich praxisnahe Ansätze ableiten, etwa eine verständliche Darstellung der technischen Prozesse oder eine glaubwürdige Einbettung des Produkts in bekannte Markenkontexte.

Für den Erfolg solcher Maßnahmen ist es grundlegend, sowohl individuelle als auch gesellschaftliche Vorteile zu fokussieren. Auf individueller Ebene sind vor allem gesundheitliche Vorteile relevant. Gesellschaftlich wird kultiviertes Fleisch insbesondere mit Umweltvorteilen, Ressourceneffizienz und Tierschutz assoziiert – Aspekte, die zunehmend in die Kaufentscheidungen von Verbraucher*innen in Deutschland einfließen.

Auch die Verpackungsgestaltung und die Produktkennzeichnung spielen eine wichtige Rolle. Studien zu anderen neuartigen Lebensmitteln, etwa insektenbasierten Produkten, zeigen, dass visuelle Gestaltungselemente – wie Farben, Nachhaltigkeitssymbole oder Textangaben – die Wahrnehmung der Verbraucher*innen maßgeblich beeinflussen (Kröger et al. 2022). Auf dieser Grundlage sollte die Verpackung von kultiviertem Fleisch transparente Informationen zu Nährwerten, Herkunft, Produktionsweise sowie zu den sensorischen Eigenschaften wie Geschmack und Textur enthalten. Dies fördert die Bereitschaft, das Produkt zu probieren und beeinflusst auch die sensorische Wahrnehmung (Kröger et al. 2022).

Die Steigerung der Akzeptanz von kultiviertem Fleisch kann jedoch nicht allein durch Informations- und Marketingkampagnen erreicht werden. Vielmehr ist die Akzeptanz der Konsument*innen als Teil eines komplexen Gefüges anzusehen, das von zahlreichen strukturellen, technologischen und regulativen Faktoren beeinflusst wird. Dazu zählen unter anderem die behördliche Zulassung durch Institutionen wie die Europäische Behörde für Lebensmittelsicherheit (EFSA) (siehe Kap. 13), die erfolgreiche Hochskalierung der Produktion, die Bewältigung technischer Herausforderungen wie dem Verzicht auf Antibiotika oder die Entwicklung serumfreier Nährmedien (siehe Kap. 3 und 4), sowie die Verfügbarkeit der Produkte im Lebensmitteleinzelhandel und in der Gastronomie. Letztlich werden auch der Preis, der Geschmack und die Textur eine zentrale Rolle für die Akzeptanz von kultiviertem Fleisch spielen.

Zusammenfassend lässt sich also festhalten, dass eine breite gesellschaftliche Akzeptanz von kultiviertem Fleisch nur durch einen integrativen Ansatz erreicht werden kann. Dieser Ansatz muss nicht nur auf gezielte Informationsvermittlung und transparentes Marketing setzen, sondern auch wirtschaftliche Anreize schaffen, regulatorische Sicherheit bieten und den Zugang zu kultiviertem Fleisch im Alltag erleichtern. Das koordinierte Zusammenspiel dieser Faktoren kann wesentlich dazu beitragen, bestehende Barrieren abzubauen und kultiviertes Fleisch langfristig als Bestandteil nachhaltiger Ernährungsgewohnheiten zu etablieren.

Literatur

Armour S, Jullion V, Joffredo M (2023) European messaging for cultivated meat. The Good Food Institute Europe & Team Lewis. https://gfieurope.org/wp-content/uploads/2024/07/European-messaging-for-cultivated-meat.pdf. Zugegriffen: 14. Jan. 2026

Bryant CJ, Barnett JC (2019) What's in a name? Consumer perceptions of in vitro meat under different names. Appetite 137:104–113. https://doi.org/10.1016/j.appet.2019.02.021

Bryant CJ, Barnett JC (2020) Consumer acceptance of cultured meat: an updated review (2018–2020). Appl Sci 10(15):5201. https://doi.org/10.3390/app10155201

Bryant CJ, van Nek L, Rolland NCM (2020) European markets for cultured meat: a comparison of Germany and France. Foods 9(9):1152. https://doi.org/10.3390/foods9091152

Bryant CJ, Anderson JE, Asher KE et al (2019) Strategies for overcoming aversion to unnaturalness: the case of clean meat. Meat Sci 154:37–45. https://doi.org/10.1016/j.meatsci.2019.04.004

Dupont J, Fiebelkorn F (2020) Attitudes and acceptance of young people toward the consumption of insects and cultured meat in Germany. Food Qual Prefer 85:103983. https://doi.org/10.1016/j.foodqual.2020.103983

Dupont J, Harms T, Fiebelkorn F (2022) Acceptance of cultured meat in Germany – application of an extended Theory of Planned Behaviour. Foods 11(3):424. https://doi.org/10.1016/j.foodqual.2020.103983

Friedrich B (2021) Cultivated meat: a growing nomenclature consensus. The Good Food Institute. https://gfi.org/blog/cultivated-meat-a-growing-nomenclature-consensus/. Zugegriffen: 14. Jan. 2026

Jacobs AK, Windhorst HW, Gickel J et al (2024) German consumers' attitudes toward artificial meat. Front Nutr 11. https://doi.org/10.3389/fnut.2024.1401715

Kröger T, Dupont J, Büsing L et al (2022) Acceptance of insect-based food products in Western societies: a systematic review. Front Nutr 8. https://doi.org/10.3389/fnut.2021.759885

Laestadius LI (2015) Public perceptions of the ethics of in-vitro meat: determining an appropriate course of action. J Agric Environ Ethics 28(5):991–1009. https://doi.org/10.1007/s10806-015-9573-8

Lanz M, Hartmann C, Egan P et al (2024) Consumer acceptance of cultured, plant-based, 3D-printed meat and fish alternatives. Future Foods 9:100297. https://doi.org/10.1016/j.fufo.2024.100297

Lanz M, Wassmann B, Siegrist M (2025) Cultured meat: vegetarian or not? Exploring young vegetarians' and omnivores' perceptions of this new technology. Appetite 213:108059. https://doi.org/10.1016/j.appet.2025.108059

Lin-Hi N, Reimer M, Schäfer K et al (2023) Consumer acceptance of cultured meat: an empirical analysis of the role of organizational factors. J Bus Econ 93(4):707–746. https://doi.org/10.1007/s11573-022-01127-3

Lin-Hi N, Schäfer K, Blumberg I et al (2022) The omnivore's paradox and consumer acceptance of cultured meat: an experimental investigation into the role of perceived organizational competence and excitement. J Clean Prd 338:130593. https://doi.org/10.1016/j.jclepro.2022.130593

Malerich M, Bryant CJ (2022) Names that cell: nomenclature of cell-cultivated meat & seafood products. Research Square preprint. https://doi.org/10.21203/rs.3.rs-2034707/v1

Rolland NCM, Markus CR, Post MJ (2020) The effect of information content on acceptance of cultured meat in a tasting context. PLoS ONE 15(4):e0231176. https://doi.org/10.1371/journal.pone.0231176

Schaefer GO, Savulescu J (2014) The ethics of producing in vitro meat. J Appl Philos 31(2):188–202. https://doi.org/10.1111/japp.12056

Verbeke W, Sans P, Van Loo EJ (2015) Challenges and prospects for consumer acceptance of cultured meat. J Integr Agric 14(2):285–294. https://doi.org/10.1016/S2095-3119(14)60884-4

Weinrich R, Strack M, Neugebauer F (2020) Consumer acceptance of cultured meat in Germany. Meat Sci 162:107924. https://doi.org/10.1016/j.meatsci.2019.107924

Wendt MC, Weinrich R (2025) Cultured meat: identifying trust profiles of German consumers using latent profile analysis. Appetite 211:107986. https://doi.org/10.1016/j.appet.2025.107986

11 Fleisch in der Ernährung – zwischen Kultur, Gesundheit, Technologie und Umwelt

Hannelore Daniel

Zusammenfassung

Kultiviertes Fleisch könnte in Zukunft einen nennenswerten Teil der konventionell hergestellten Fleischwaren ersetzen. Zum jetzigen Zeitpunkt ist jedoch nur schwer abzuschätzen, wie wettbewerbsfähig die entsprechenden Produkte preislich sein werden und ob sie von Verbraucher*innen akzeptiert werden. Im Vergleich zu herkömmlichen Methoden der Fleischwarenproduktion verspricht kultiviertes Fleisch Vorteile in Bezug auf Umweltverträglichkeit, Ethik und Tierwohl. So werden für die Bereitstellung der Substrate für die Zellkultur wohl weniger ackerbauliche Flächen benötigt, allerdings wird vermutlich ein hoher Energiebedarf entstehen, der den Einsatz erneuerbarer Energien zwingend erforderlich macht. In den nächsten Jahren ist ein substanzieller Eintritt in den Massenmarkt vermutlich nur bei hybriden Produkten zu erwarten, die eine pflanzliche Proteinbasis mit tierischen Zellen aus der Kultur kombinieren. Die gesundheitliche Unbedenklichkeit dieser neuartigen Produkte, die über strenge Zulassungsverfahren in Europa geregelt ist, lässt sich sowohl vom Verfahren der Erzeugung als auch hinsichtlich der ernährungsphysiologischen Bedarfe sicherstellen. Prinzipiell erlaubt die Produktion sogar, eine für die Humanernährung günstigere Qualität als bei den klassischen Produkten zu erzielen. Dies wurde jedoch bisher nicht experimentell gezeigt.

H. Daniel (✉)
Technische Universität München, Freising, Deutschland
E-Mail: hannelore.daniel@tum.de

N. Lin-Hi und I. Blumberg (Hrsg.), *Kultiviertes Fleisch,* SDG – Forschung, Konzepte, Lösungsansätze zur Nachhaltigkeit, https://doi.org/10.1007/978-3-662-73361-5_11

11.1 Fleisch in der Ernährung – The Good and the Bad

Fleischkonsum hat innewohnend kulturelle, religiöse und weltanschauliche, aber auch ernährungsphysiologische Dimensionen. In vielen Kulturen der Welt sind die Tierhaltung und der Konsum tierischer Lebensmittel noch immer ein Ausdruck von Wohlstand. In der Entwicklung unserer Spezies zum modernen Menschen kommt dem Konsum tierischer Produkte eine große Bedeutung zu. Die beeindruckenden Darstellungen von Jagdszenen an Höhlenwänden prähistorischer Gruppen sowie die kultischen Tierdarstellungen von Stieren und Rindern nach deren Domestizierung in der Frühgeschichte belegen die besondere Stellung dieser Lebensmittelquellen im Norden Europas. Vor allem auch der Konsum von Milch, der als Ko-Evolution mit der Herausbildung der Milchzuckerverträglichkeit durch genetische Selektion beim Menschen parallel zur Domestizierung des Rinds vor rund 8000 bis 10.000 Jahren in Europa verstanden wird (Gerbault et al. 2013), bot einen entscheidenden Überlebensvorteil in Zeiten knapper Nahrungsversorgung. Die höhere Proteinzufuhr durch tierische Produkte ermöglichte auch eine Zunahme von Körperlänge und Organmassen. Protein in der Kost und seine Qualität – insbesondere auch der Gehalt an den verzweigtkettigen Aminosäuren Valin, Isoleucin und Leucin – sind entscheidend für den Aufbau von Körpermasse bei Säugetieren. Unter diesen Aminosäuren spielt Leucin als Signalgeber für die körpereigene Proteinsynthese eine zentrale Rolle. Zusammen mit Insulin und anderen Hormonen wirkt es als wichtigste Nahrungsaminosäure auf die Bildung und den Erhalt des körpereigenen Proteinbestands.

Proteinpflanzen – vor allem die traditionellen Varietäten in Zentraleuropa – haben selten eine dem Fleisch ähnliche Aminosäurenzusammensetzung, sodass von ihnen mehr verzehrt werden muss, um den gleichen Proteinansatz beim Menschen zu erreichen. Darüber hinaus enthalten sie vielfach Begleitstoffe, die in der Lage sind, die Verfügbarkeit der Aminosäuren aus dem verzehrten pflanzlichen Protein zu mindern. In unserem modernen Ernährungssystem spielen diese qualitativen Aspekte aufgrund des breiten und allseits verfügbaren Angebots an Lebensmitteln nur noch eine untergeordnete Rolle. Allerdings zeigen zahlreiche Studien, dass insbesondere bei hochbetagten Menschen die Verwertung der Aminosäuren und die Proteinsyntheserate beim Verzehr von pflanzlichem Protein im Vergleich zur gleichen Menge tierischen Proteins nachweislich reduziert ist (Schweiggert-Weisz et al. 2024). Dies ist besonders problematisch für die Vorbeugung einer Sarkopenie, also dem Verlust an Muskelmasse und Kraft, bei alten Menschen. Da sie insgesamt auch meist weniger Nahrung zu sich nehmen können und zudem häufig unter Kau- und Schluckbeschwerden leiden, wird die Bereitstellung essenzieller Aminosäuren, wie der verzweigtkettigen Aminosäuren, zu einem kritischen Faktor.

Aus evolutionärer Sicht war der Konsum von tierischen Produkten für den Neandertaler und Frühmenschen in Europa über Zehntausende von Jahren bis zum Ende der Würmeiszeit vor rund 11.000 Jahren von großer Bedeutung – nicht nur aufgrund des Proteingehalts und der Proteinwertigkeit, sondern auch aufgrund des Fettgehalts und der Kalorien. Zu dieser Zeit war Kontinentaleuropa weitgehend von Gletschern bedeckt und der Lebensraum der Frühmenschen bot nur kurze Vegetationsperioden zum Sammeln pflanzlicher Lebensmittel. Insgesamt zeigt der Fleischkonsum auch eine deutliche Abhängigkeit vom geographischen Breitengrad mit zunehmender Menge in Richtung der Pole. Auch sprechen genetische Befunde dafür, dass der Fleischkonsum im Gegensatz zu anderen Lebensmittelgruppen eine genetische Prägung besitzen könnte und auch über die Präferenz für Protein und Fett beim Geschmack eine genetische Komponente aufweist (Hejazi et al. 2024; Pirastu et al. 2012). Somit war der Konsum tierischer Lebensmittel für die Populationen der nördlichen Hemisphäre in mehreren Aspekten von Vorteil. Etwaige gesundheitliche Nachteile waren aufgrund der meist kurzen Lebenszeit der Menschen und einer auch durch Bewegung und einen hohen Energiebedarf geprägten Umwelt kein Selektionskriterium.

In der Regel nimmt mit dem Bruttosozialprodukt eines Landes auch der Anteil tierischer Produkte in der Ernährung zu – häufig als Ausdruck eines gehobenen Lebensstils. In einer bewegungsarmen Umgebung in Ländern mit hohem Einkommen steigt jedoch mit dem Konsum tierischer Produkte auch das Risiko für lebensstilbedingte, sogenannte nicht-übertragbare Erkrankungen (NÜE). Diese Erkrankungen entstehen durch Übergewicht und Bewegungsarmut und können zu Krankheiten wie Typ-II-Diabetes mellitus, Herz-Kreislauferkrankungen oder bestimmten Krebsarten (z. B. Dickdarmkrebs) führen. Insbesondere der Konsum von „rotem Fleisch" – also Fleisch von Rind und Schwein, aber nicht von Geflügel, sowie insbesondere die daraus hergestellten Produkte wie Wurstwaren und Schinken korrelieren mit der Erkrankungshäufigkeit bei den NÜE. Die zugrunde liegenden Mechanismen sind bislang nicht abschließend geklärt. Es spricht jedoch vieles für eine besondere Rolle des Häm-Eisens, das diesen Waren ihre rote Farbe verleiht. In pflanzlichen Lebensmitteln liegt das Eisen dagegen fast immer an niedermolekulare Verbindungen gebunden vor, hat aber daher meist auch eine geringere Bioverfügbarkeit. An dieser Stelle sei jedoch auch darauf hingewiesen, dass der Konsum von „rotem Fleisch" und seinen Produkten nicht in allen Populationsstudien eine dosisabhängige Beziehung zu den NÜE und/oder der Todesrate in einer Bevölkerung zeigt und auch die Risiken in ihrer Dimension oft überzogen dargestellt werden (Zeraatkar et al. 2019). Für nicht verarbeitetes rotes Fleisch steigt das Risiko für die wichtigsten NÜE bei einer höchsten Zufuhrmenge von 150–200 g pro Tag um 15–20 % (Lescinsky et al. 2022). Bei den verarbeiteten Produkten wie Wurstwaren und Schinken lässt sich allerdings ein höheres Risiko ausmachen (Zeraatkar et al. 2019). Ein reduzierter Fleischkonsum ist daher sowohl aus gesundheitlichen also auch umweltschonenden Bedarfen gut begründet. Hier sei aber nochmals betont, dass auch die Fleischarten, die in direkter Futterkonkurrenz zum Menschen stehen (vor allem Schweinefleisch) auch eingeschlossen sind. Wenn man die Erzeugung von Fleisch und traditionellen Produkten – wie gelegentlich gefordert – völlig aufgeben würde, wäre auch der Futtermittelbereich für unsere Heimtiere elementar betroffen. In Deutschland gibt es ca. 10 Mio. Hunde und rund 13 Mio. Katzen, die von einem lukrativen Futtermittelmarkt versorgt werden. Während Hunde anteilig vegan ernährt werden können, ist dies bei Katzen als obligaten Carnivoren nicht möglich. Hier stellt sich auch die Frage, ob eine vegane Ernährung eines Hundes unter der Prämisse einer artgerechten Haltung angemessen ist.

In Anbetracht der Vielfalt unseres ganzjährig verfügbaren Lebensmittelangebots ist eine ausreichende Versorgung mit allen essenziellen Vitaminen, Mengen- und Spurenelementen selbst für Menschen, die sich vegan ernähren, gut machbar. Kritisch bleibt jedoch die Versorgung mit Vitamin B12, für die eine Supplementierung notwendig ist. Für Kinder und Jugendliche sowie für ältere Menschen ist eine vegane Ernährung hingegen nicht geeignet. Fachgesellschaften empfehlen Veganern neuerdings, auch auf die Zufuhr von Jod, Protein, langkettigen Omega-3-Fettsäuren, Vitamin D, Vitamin B_2, Calcium, Eisen, Zink, Selen und Vitamin A zu achten (Klug et al. 2024) und diese gegebenenfalls zu supplementieren. Auch bei der sehr populären, pflanzenbasierten *Planetary Health Diet* (PHD), die die Gesundheit des Einzelnen und die des Planeten mit seinen begrenzten Ressourcen berücksichtigt (Willett et al. 2019), wird darauf hingewiesen, dass diese Ernährungsform besonders bei Frauen im reproduktionsfähigen Alter zu einer unzureichenden Versorgung mit Eisen, Calcium und Zink führen könnte (Beal et al. 2023). In der PHD wird zudem die Bedeutung tierischer Produkte für Wachstum und Gedeihen bei Kindern und Jugendlichen besonders betont (Willett et al. 2019).

11.2 Ernährungsformen und Umwelt

Insbesondere die Diskussion um den vom Menschen verursachten Klimawandel verleiht dem Konsum tierischer Lebensmittel eine besondere Brisanz. Es ist offensichtlich, dass tierische Lebensmittel generell einen höheren CO_2-Fußabdruck aufweisen als pflanzliche Produkte. Hinzu kommt, dass Wiederkäuer auch andere klimawirksame Emissionen (KWE) wie Methan und Lachgas verursachen. Die Konversionsrate von Nahrungsenergie oder Protein im Futter in ein Kilogramm Produkt oder tierisches Protein schwankt je nach Tierart: Sie liegt bei Lachs und Huhn zwischen 1,1 und 2,5 kg, bei Schwein bei über vier Kilogramm und bei Rind bei bis zu acht Kilogramm. Bei Wiederkäuern ist jedoch zu berücksichtigen, dass sie prinzipiell auch ausschließlich mit Futtermitteln wie Gras, Heu und Silage ernährt werden können. Damit ermöglichen sie eine besonders gute Konversion in hochwertige Lebensmittel, ohne dass es zu Nahrungskonkurrenz mit dem Menschen kommt. Die Stigmatisierung von Kuh und Rind, die im öffentlichen Diskurs häufig zu erleben ist, erscheint daher besonders fragwürdig. Schließlich bieten diese Tiere – selbst vor dem Hintergrund ihrer Methanproduktion – bei Haltung auf Grünland einen hohen Nutzen im Sinne von Ökosystemleistungen und dem Erhalt von Kulturlandschaften. Letztere besitzen in Mitteleuropa mit 30–60 % nur als Grünland nutzbarer Fläche eine große Bedeutung. Laut neuen Berechnungen könnten in Deutschland bei ausschließlicher Ernährung von Wiederkäuern mit Grünland noch immer rund 50 % der Mengen an Rindfleisch und Milch und Milchprodukten erzeugt werden (De Luca und Müller 2024). Dadurch würden die klimawirksamen Emissionen um rund 13 % sinken. Wie eine Vielzahl von Studien übereinstimmend zeigt, könnte eine vegane Kost gegenüber einer omnivoren Ernährungsweise (mit substanziellem Anteil tierischer Lebensmittel) rund 45 % der KWE und eine vegetarische Kost (mit Milch, Ei und Fisch) rund 35 % der KWE einsparen (Aleksandrowicz et al. 2016; Parlesak 2023). Eine kürzlich vorgelegte Studie prognostiziert der PHD bei weltweiter Umsetzung (in 139 Ländern) ein Einsparpotenzial von 17 % der KWE (Li et al. 2024). Dabei ist zu berücksichtigen, dass Länder mit hohem Einkommen und hohem Fleischkonsum mehr einsparen können als Länder mit niedrigem Einkommen. Allerdings ist auch davon auszugehen, dass der Konsum tierischer Produkte – und damit auch die KWE – mit steigendem globalem Wohlstand stark zunehmen wird (Springmann et al. 2018).

11.3 Kultiviertes Fleisch als Alternative zu konventionellem Fleisch und Wurstwaren

Welche Bedeutung kultiviertes Fleisch in der zukünftigen Ernährung haben wird, lässt sich derzeit kaum beurteilen. Sicher ist jedoch, dass es einen Platz im Kanon neuartiger Lebensmittel finden wird, da es für Menschen, die das Töten von Tieren ablehnen, eine ethisch akzeptable Alternative bietet. Auch als Ersatz für konventionelle Fleisch- und Wurstwaren kommt es infrage. In den kommenden Jahren werden die Produkte vermutlich zunächst Hybride sein, bei denen ein meist kleinerer Anteil tierischer Zellen auf eine Grundlage aus pflanzlichen Proteinen aufgebracht wird.

Zwar sind die Techniken zur Erzeugung von Muskel- und Fettgewebszellen als Basis von kultiviertem Fleisch in der Zellkultur etabliert und auch der Ersatz von tierischem Serum (meist Kälberserum) für das Wachstum und die Differenzierung der Zellen in der Kultur wurde bereits umgesetzt. Doch bestehen noch immer eine Reihe von Hürden für eine großmaßstäbliche Produktion zu wettbewerbsfähigen Preisen. Insbesondere die Nährmedien (siehe Kap. 4) sind bedeutende Kostentreiber, wobei erwartet werden kann, dass preisgünstigere Substitute für Aminosäuren wie Protein-Hydrolysate zum Einsatz kommen können und auch die Kosten der Wachstums- und Differenzierungsfaktoren sinken werden.

Ob kultiviertes Fleisch tatsächlich eine nachhaltigere Alternative darstellt, wie vielfach behauptet, bleibt abzuwarten. Der Einbau der Aminosäuren in die Zellen der Zellkultur ist nicht besonders effizient, weshalb die Konversionsrate vermutlich mit der von Huhn und Schwein vergleichbar sein wird (Myers et al. 2023). Gegenwärtig lässt sich dies jedoch nur anhand von Modellanalysen mit vielen Annahmen abschätzen (siehe Kap. 7). Was kultiviertes Fleisch jedoch gegenüber traditionell erzeugtem Fleisch auszeichnen wird, ist der geringere oder gar kein Eintrag von Antibiotika in die Nahrungskette (sofern die neuen Produkte frei von Antibiotika erzeugt werden). Dies würde sich auch positiv auf die Häufigkeit von Antibiotika-Resistenzen bei der Behandlung von Patient*innen auswirken, da der Einsatz von Antibiotika in der Nutztierhaltung die Bildung von Resistenzen begünstigt. Während der Antibiotika-Einsatz in der Tierhaltung weltweit vermutlich zunehmen wird (Acosta et al. 2025), ist dieser insbesondere in Europa rückläufig und unterschreitet derweil mengenmäßig den Einsatz beim Menschen (European Centre for Disease Prevention and Control (ECDC) et al. 2021). Da für die Produktion von kultiviertem Fleisch auch weniger Futtermittel benötigt werden, könnte sich dies auch positiv auf die Biodiversität auswirken. Unklar bleibt hingegen die Frage nach den Stickstoffemissionen, da auch in der Zellkultur große Mengen an Ammoniak anfallen, die entsorgt werden müssen. Eine mögliche Lösung bestünde in der Sekundärnutzung des Stickstoffs – etwa durch den Einsatz in nachgelagerten Prozessen wie der Algenproduktion.

Bei der Erzeugung von kultiviertem Fleisch sind zwei Produktkategorien zu betrachten – und dies gilt auch für die Bewertung der Unbedenklichkeit. Einerseits sind es Zellaggregate aus Muskel- und Fettzellen, die zu Produkten wie Burger-Patties oder Wurstwaren ohne besondere Struktur verarbeitet werden können. Andererseits werden strukturierte Produkte mit der Anmutung von soliden Fleischstücken erzeugt. Letztere werden durch Scaffolds (Stützstrukturen) erreicht, auf die die Zellen auf- oder eingebracht werden. Während die Zellen auf ihre genetische Stabilität und die Abwesenheit von Viren geprüft werden müssen, stellen sich bei den Scaffolds Fragen zur Verdaulichkeit und Verträglichkeit. Auch wenn die Produkte per 3D-Druck oder durch Spinnen erzeugt werden, sind vermutlich diverse technische Hilfsstoffe notwendig, um eine solide Struktur und einen guten Geschmack zu erzielen. Aus ernährungsphysiologischer Sicht sind somit einerseits die tierischen Zellen mit ihren Inhaltsstoffen und andererseits die Scaffolds sowie die technischen Hilfsstoffe zu bewerten.

In Europa unterliegt die Produktion von kultiviertem Fleisch, wie alle neuartigen Lebensmittel, einem umfangreichen Zulassungsverfahren gemäß der Verordnung für Neuartige Lebensmittel („*Novel*-Food-Verordnung"; siehe Kap. 13), um ihre Unbedenklichkeit zu sichern. Im Rahmen des Zulassungs- und Inverkehrbringungsverfahrens wird vom antragstellenden Unternehmen eine umfangreiche Dokumentation verlangt, die verwendeten Zellen sowie deren Sicherheit und den Herstellungsprozess des Produkts detailliert beschreibt. Auch alle sonstigen Zutaten (Scaffolds, Zusatzstoffe, Aromen usw.) unterliegen einer solchen Sicherheitsbewertung. Eine besondere Bewertung erfordern sicherlich auch die Faktoren, die zur Steuerung von Wachstum und Differenzierung der Zellen eingesetzt werden. Dabei stellt sich die Frage, inwieweit diese Faktoren in den geernteten Zellen in nennenswerter Menge verbleiben und in die Endprodukte übergehen. Ergänzt wird diese vorwiegend toxikologische Bewertung der Unbedenklichkeit durch die Bewertung der ernährungsphysiologischen Qualität. Dabei steht die Frage im Vordergrund, ob neuartige Lebensmittel als Ersatz klassischer Produkte eine ausreichende Zufuhr aller essenziellen Inhaltsstoffe (Vitamine, Mengen- und Spurenelemente) gewährleisten können. Dies betrifft unter anderem auch die Frage nach der Eisenzufuhr, die sowohl aus dem Häm-Eisen der Zellen bei rotem Fleisch als auch aus sonstigen Eisenquellen (Salzen,

Komplexen) stammen kann. Es ist davon auszugehen, dass die zugeführte Menge an Häm-Eisen und die damit verbundenen Gesundheitsrisiken bei den zukünftigen zellbasierten Produkten geringer sein werden als bei einer Ernährung mit einem hohen Anteil an rotem Fleisch und den entsprechenden verarbeiteten Produkten. Andere Herausforderungen, wie etwa ein hoher Salzgehalt oder die Verwendung anderer Zusatzstoffe oder technischer Hilfsmittel in den neuen Produkten zur Verbesserung von Geschmack und Haltbarkeit, werden jedoch vermutlich bestehen bleiben. In jedem Fall erfolgt die Zulassung solcher Produkte im Rahmen der *Novel-Food*-Verordnung in einem einzelfallbezogenen Prüfverfahren.

Es besteht kein Zweifel daran, dass sich die ernährungsphysiologische Qualität der Produkte sowohl in der Zellkultur als auch im gesamten Herstellungsverfahren kontrolliert einstellen lässt. Dies betrifft sowohl die Makronährstoffe wie Protein und Fett als auch Vitamine, Mengen- und Spurenelemente. Insbesondere die Fettkomponente kann in den Zellen durch gezielten Einsatz von Fettsäuremischungen im Nährmedium mit Albumin als Träger leicht modifiziert werden. So kann beispielsweise der Gehalt an langkettigen gesättigten Fettsäuren, die als nicht gesundheitsförderlich gelten, zugunsten eines höheren Gehalts an ungesättigten Fettsäuren, einschließlich der Omega-3-Fettsäuren, reduziert werden. Allerdings dienen Fettsäuren in den Zellen auch als Signal- und Strukturmoleküle. Ihr Einbau in die Membranen der Zellen und ihrer Organellen verändert deren Fluidität und damit auch das Zellwachstum und die Differenzierung. Ungesättigte Fettsäuren sind gleichzeitig auch sehr anfällig für Oxidation, was die Haltbarkeit negativ beeinflusst und zu geschmacklichen Beeinträchtigungen führen kann. Aus Sicht der Autorin stellen diese Aspekte jedoch keine neuen Probleme dar, die die Unbedenklichkeit und die ernährungsphysiologische Qualität der Produkte grundsätzlich infrage stellen. Auch die physiologische Bewertung von Scaffolds sollte keine besondere Hürde darstellen. Sie können aus unterschiedlichen Quellen stammen. Hier sollten sich die Produzenten an klassischen Rohstoffquellen orientieren, um sicherzustellen, dass sich die Produkte wie konventionelle Lebensmittel verhalten und ihre gastrointestinale Verdaulichkeit und Verträglichkeit gegeben ist. Es sei jedoch betont, dass diese ernährungsphysiologischen Aspekte bisher in keiner einzigen Studie am Menschen mit den neuartigen Produkten untersucht wurden.

Abschließend sei auf die derzeit sehr kontrovers geführte Diskussion über die gesundheitliche Unbedenklichkeit stark verarbeiteter Lebensmittel verwiesen. Aus vielen Beobachtungsstudien lässt sich eine Beziehung zwischen dem Verzehr sogenannter „ultraprozessierter Lebensmittel" (*ultraprocessed food;* UPF) und diversen NÜE sowie Mortalität ableiten (Acosta et al. 2025). Allerdings wird die zugrunde liegende und meist genutzte NOVA-Klassifikation, die Lebensmittel nach dem Grad ihrer Verarbeitung und noch mehr nach der Anzahl ihrer Zutaten einstuft, als wissenschaftlich unzureichend eingestuft. Auch die Autorin betrachtet diese Klassifikation als nicht valide. Zudem gibt es praktisch keine solide wissenschaftliche Evidenz für eine Kausalität, die den Beobachtungsstudien zu den Risiken von UPF auch eine mechanistische Grundlage geben könnte.

Oft werden die in den Produkten enthaltenen Zusatzstoffe dann als mögliche Ursache für die vermeintlich gesundheitlich nachteiligen Eigenschaften angeführt (Lane et al. 2024). Vermutlich wird kultiviertes Fleisch aufgrund seiner Herstellungsverfahren und der gegebenenfalls notwendigen technischen Hilfs- und Zusatzstoffe in die Kategorie der UPF fallen und damit im öffentlichen Diskurs als gesundheitsabträglich dargestellt werden. In der EU sehen bereits heute viele Konsument*innen die UPF als kritisch für ihre Gesundheit an (EIT Food 2024). Dennoch: Jede Innovation bringt neue Dissonanzen hervor – und letztlich muss jede Konsumentin und jeder Konsument beim Einkauf und Verzehr neuer Lebensmittel eine Entscheidung in einem zunehmend komplexen Wertekanon treffen.

Literatur

Acosta A, Tirkaso W, Nicolli F et al (2025) The future of antibiotic use in livestock. Nat Commun 16:2469. https://doi.org/10.1038/s41467-025-56825-7

Aleksandrowicz L, Green R, Joy EJM et al (2016) The impacts of dietary change on greenhouse gas emissions, land use, water use, and health: a systematic review. PLoS ONE 11(11):e0165797. https://doi.org/10.1371/journal.pone.0165797

Beal T, Ortenzi F, Fanzo J. (2023) Estimated micronutrient shortfalls of the EAT-Lancet planetary health diet. Lancet Planet Health 7(3):e233–e237. https://doi.org/10.1016/S2542-5196(23)00006-2 Erratum in: Lancet Planet Health 7(7):e546. https://doi.org/10.1016/S2542-5196(23)00131-6

De Luca K, Müller A (2024) Das Potenzial einer grünlandbasierten Milchproduktion in Deutschland – Wie viele Kühe können wir noch halten, wenn die wirklich nur Gras fressen? https://www.greenpeace.de/publikationen/Gruenland%20Studie.pdf. Zugegriffen: 14. Jan. 2026

EIT Food (2024) Consumer perceptions unwrapped: ultra-processed foods (UPF) – a pan-European study from the EIT Food Consumer Observatory on consumer perceptions of ultra-processed foods. https://www.eitfood.eu/files/Consumer-Perceptions-Unwrapped_Consumer-Observatory-Report-1.pdf

European Centre for Disease Prevention and Control (ECDC); European Food Safety Authority (EFSA); European Medicines Agency (EMA), 2021European Centre for Disease Prevention and Control (ECDC); European Food Safety Authority (EFSA); European Medicines Agency (EMA) (2021) Third joint inter-agency report on integrated analysis of consumption of antimicrobial agents and occurrence of antimicrobial resistance in bacteria from humans and food-producing animals in the EU/EEA. EFSA J 19(6):e06712. https://doi.org/10.2903/j.efsa.2021.6712

Gerbault P, Roffet-Salque M, Evershed RP et al (2013) How long have adult humans been consuming milk? IUBMB Life 65(12):983–990. https://doi.org/10.1002/iub.1227

Hejazi J, Amiri R, Nozarian S et al (2024) Genetic determinants of food preferences: a systematic review of observational studies. BMC Nutr 10:24. https://doi.org/10.1186/s40795-024-00828-y

Klug A, Barbaresko J, Alexy U et al (2024) Neubewertung der DGE-Position zu veganer Ernährung – Positionspapier der Deutschen Gesellschaft für Ernährung e. V. (DGE). Ernährungs Umschau 2024 71(7):60–84. https://www.dge.de/wissenschaft/stellungnahmen-und-fachinformationen/positionen/neubewertung-der-position-zu-veganer-ernaehrung/

Lane MM, Gamage E, Du S (2024) Ultra-processed food exposure and adverse health outcomes: umbrella review of epidemiological meta-analyses. BMJ 384:e077310. https://doi.org/10.1136/bmj-2023-077310

Lescinsky H, Afshin A, Ashbaugh C et al (2022) Health effects associated with consumption of unprocessed red meat: a burden of proof study. Nat Med 28:2075–2082. https://doi.org/10.1038/s41591-022-01968-z

Li Y, He P, Shan Y et al (2024) Reducing climate change impacts from the global food system through diet shifts. Nat Clim Chang 14:943–953. https://doi.org/10.1038/s41558-024-02084-1

Myers GM, Jaros KA, Andersen DS et al (2023) Nutrient recovery in cultured meat systems: impacts on cost and sustainability metrics. Front Nutr 10:1151801. https://doi.org/10.3389/fnut.2023.1151801

Parlesak A (2023) Climate-friendly, health-promoting, & culturally acceptable diets for German adult omnivores, pescatarians, vegetarians, & vegans – a linear programming approach. Nutrition 109:111977. https://doi.org/10.1016/j.nut.2023.111977

Pirastu N, Robino A, Lanzara C et al (2012) Genetics of food preferences: a first view from silk road populations. J Food Sci 77(12):S413–S418. https://doi.org/10.1111/j.1750-3841.2012.02852.x

Schweiggert-Weisz U, Etzbach L, Gola S et al (2024) Opinion piece: new plant-based food products between technology and physiology. Mol Nutr Food Res 68(20):e2400376. https://doi.org/10.1002/mnfr.202400376

Springmann M, Clark M, Mason-D'Croz D et al (2018) Options for keeping the food system within environmental limits. Nature 562:519–525. https://doi.org/10.1038/s41586-018-0594-0

Willett W, Rockström J, Loken B et al (2019) Food in the Anthropocene: the EAT-Lancet Commission on healthy diets from sustainable food systems. Lancet 393(10170):447–492. https://doi.org/10.1016/S0140-6736(18)31788-4

Zeraatkar D, Han MA, Guyatt GH et al (2019) Red and processed meat consumption and risk for all-cause mortality and cardiometabolic outcomes: a systematic review and meta-analysis of cohort studies. Ann Intern Med 171(10):703–710. https://doi.org/10.7326/M19-0655

12 Der rechtliche Rahmen für kultiviertes Fleisch in der EU

Tilman Reinhardt und Alessandro Monaco

Zusammenfassung

Das Kapitel gibt einen Überblick über den Rechtsrahmen für kultiviertes Fleisch in der Europäischen Union (EU). Dabei wird einerseits auf das Zulassungsverfahren der sogenannten *Novel-Food*-Verordnung eingegangen, das auf Produkte aus Zellkulturen anwendbar ist. Andererseits werden Fragen der Lebensmittelkennzeichnung behandelt, die sich nach der Zulassung von kultiviertem Fleisch als neuartiges Lebensmittel ergeben könnten. Der rechtliche Rahmen ist ein entscheidender Faktor für die Einführung von kultiviertem Fleisch. Anforderungen, Dauer und Kosten der Zulassung können erheblich sein und sich entscheidend auf die Entwicklung des Innovationssystems auswirken. Dieser Abschnitt gibt einen Überblick über den Rechtsrahmen für kultiviertes Fleisch in der Europäischen Union (EU). Dabei wird insbesondere auf die *Novel-Food*-Verordnung eingegangen, die die Zulassung neuartiger Lebensmittel, wie kultiviertes Fleisch, regelt. Der Schwerpunkt des Kapitels liegt auf dem Verfahrensablauf. Darüber hinaus wird auf Kennzeichnungsfragen eingegangen, die sich nach der Zulassung von kultiviertem Fleisch als neuartiges Lebensmittel ergeben könnten. Die Rechtslage in anderen Staaten, beispielsweise den USA, Singapur oder der Schweiz, unterscheidet sich teilweise erheblich. Verschiedene Länder sind aktuell dabei, ihre Vorschriften zu überarbeiten. Bemühungen zu einer internationalen Harmonisierung von Zulassungsverfahren stehen noch am Anfang.

T. Reinhardt (✉) · A. Monaco
Universität Bayreuth, Kulmbach, Deutschland
E-Mail: tilman.reinhardt@uni-bayreuth.de

A. Monaco
E-Mail: alessandro.monaco@uni-bayreuth.de

N. Lin-Hi und I. Blumberg (Hrsg.), *Kultiviertes Fleisch,* SDG – Forschung, Konzepte, Lösungsansätze zur Nachhaltigkeit, https://doi.org/10.1007/978-3-662-73361-5_12

12.1 Zulassungsverfahren nach der *Novel-Food*-Verordnung

Bisher sind in der EU noch keine kultivierten Fleischerzeugnisse zugelassen. Es ist jedoch davon auszugehen, dass solche Produkte in den Anwendungsbereich der sogenannten *Novel-Food*-Verordnung[1] fallen. Diese Verordnung betrifft alle Lebensmittel, die vor dem 15. Mai 1997 in der Union nicht in nennenswertem Umfang verzehrt wurden und die in mindestens eine der zehn Kategorien neuartiger Lebensmittel eingeordnet werden können. Kultiviertes Fleisch würde voraussichtlich in die Kategorie gemäß Art. 2 lit. a vi der *Novel-Food*-Verordnung fallen, d. h. Lebensmittel, die aus von Tieren, Pflanzen, Mikroorganismen, Pilzen oder Algen gewonnenen Zell- oder Gewebekulturen bestehen oder daraus isoliert oder erzeugt wurden (Rubino & Rossi Dal Pozzo 2024). Mit der *Novel-Food*-Verordnung soll sichergestellt werden, dass neuartige Lebensmittel und Herstellungsverfahren keine Gefahr für die menschliche Gesundheit und die Interessen der Verbraucher*innen darstellen. Neue Lebensmittel und Herstellungsverfahren werden daher einem Zulassungsverfahren unterzogen, das auf einer sogenannten Risikoanalyse beruht.

Kultivierte Fleischprodukte könnten unter Umständen auch dem Rechtsrahmen für gentechnisch veränderte Organismen (GVO) unterfallen, wenn bei ihrer Herstellung gentechnische Verfahren zum Einsatz kommen, etwa durch eine Veränderung des Genoms von Zellen, um das Wachstum unter Laborbedingungen zu erleichtern. In diesem Fall gilt vorrangig der Rechtsrahmen für GVO.[2] Vor dem Inverkehrbringen müsste dann ebenfalls ein Zulassungsverfahren durchlaufen werden, das dem Zulassungsverfahren für neuartige Lebensmittel grundsätzlich ähnelt. Die GVO-Verordnung enthält allerdings zusätzlich noch besondere Kennzeichnungsvorschriften.

12.1.1 Zulassungsverfahren

Im Zulassungsverfahren soll auf Basis der verfügbaren wissenschaftlichen Erkenntnisse sichergestellt werden, dass neuartige Lebensmittel keine Sicherheitsrisiken für die menschliche Gesundheit darstellen. Außerdem sollen Verbraucher*innen nicht in die Irre geführt werden, insbesondere wenn ein neuartiges Lebensmittel ein anderes Lebensmittel

[1] Verordnung (EU) 2015/2283 des Europäischen Parlaments und des Rates vom 25. November 2015 über neuartige Lebensmittel, zur Änderung der Verordnung (EU) Nr. 1169/2011 des Europäischen Parlaments und des Rates und zur Aufhebung der Verordnung (EG) Nr. 258/97 des Europäischen Parlaments und des Rates sowie der Verordnung (EG) Nr. 1852/2001 der Kommission, ABl. L 327 vom 11.12.2015, S. 1–22.

[2] Europäische Kommission, Verordnung (EG) Nr. 1829/2003 des Europäischen Parlaments und des Rates vom 22. September 2003 über genetisch veränderte Lebensmittel und Futtermittel, ABl. L 268 vom 18.10.2003, S. 1–23.

ersetzen soll und dabei aber einen wesentlich veränderten Nährwert aufweist. Schließlich sollten neuartige Lebensmittel für Verbraucher*innen ernährungsphysiologisch nicht nachteilig sein.

Das Zulassungsverfahren besteht aus zwei Phasen: einer von der Europäischen Behörde für Lebensmittelsicherheit (EFSA) durchgeführten unabhängigen Risikobewertung sowie einer Risikomanagement-Entscheidung durch die Europäische Kommission. In diese sind auch Vertreter der Mitgliedstaaten im Ständigen Ausschuss für Pflanzen, Tiere, Lebensmittel und Futtermittel (PAFF) eingebunden.

Ist ein neuartiges Lebensmittel zugelassen, wird es in die sogenannte Unionsliste aufgenommen. Es kann dann in der gesamten EU ohne besondere Kennzeichnungs- oder Überwachungsvorschriften legal in den Verkehr gebracht werden.

12.1.2 Risikoanalyse

Das Zulassungsverfahren beginnt mit der Erstellung eines Dossiers, das Antragsteller*innen über ein von der Europäischen Kommission verwaltetes zentrales Portal einreichen. Sobald der Antrag eingegangen ist, wird das Dossier an die EFSA weitergeleitet. Das Dossier enthält allgemeine Informationen über die Antragsteller*innen, die Art und die Produktionsverfahren des neuartigen Lebensmittels sowie einen Vorschlag für dessen Verwendungsbedingungen und Kennzeichnungsvorschriften. Außerdem muss das Dossier wissenschaftliche Nachweise für die Sicherheit des neuartigen Lebensmittels enthalten.

Die technischen Abschnitte des Dossiers sind gemäß dem aktuellsten Leitfaden der EFSA zu erstellen. Zu beachten ist insbesondere die am 30. September 2024 von der EFSA veröffentlichte *„Guidance on the Scientific Requirements for an Application for Authorisation of a Novel Food“*, die zum ersten Mal spezifische Hinweise für die Einreichung von Produkten der zellulären Landwirtschaft einschließlich kultiviertem Fleisch enthält (EFSA Panel on Nutrition, Novel Foods and Food Allergens et al. 2024). Der neue Leitfaden gilt ab dem 1. Februar 2025. Vorgesehen sind danach Informationen über die Quellen der verwendeten Zellen (z. B. Nennung der etablierten Zelllinie oder Beschreibung der Quelle der Biopsie zur Gewinnung von Primärzellen), die durchgeführten Reinigungsschritte, die Zellisolierung und die Selektion. Außerdem muss ein Nachweis enthalten sein, dass keine mikrobiellen Verunreinigungen und Krankheitserreger vorhanden sind. Die Verfahren zur Behandlung, Extraktion, zum Screening und zur Auswahl von Zelllinien oder Geweben müssen detailliert beschrieben werden, einschließlich Informationen zu den Wachstumsfaktoren, Chemikalien und biologischen Materialien, die in den Medien zur Zellkultivierung verwendet werden. Das Dossier sollte zudem Studien zum Nachweis der genetischen Stabilität der Zellen während des gesamten Produktionsprozesses enthalten, sowie Analysemethoden zur Erkennung unerwünschter

Veränderungen – etwa in Form, Größe, Struktur und Anordnung von Zellbestandteilen (Morphologie), charakteristischen Molekülen (sog. Differenzierungsmarkern) oder anderen relevanten Aspekten.

Nach Erhalt des Dossiers prüft die EFSA innerhalb von neun Monaten, ob das neuartige Lebensmittel genauso sicher ist wie ein vergleichbares nicht neuartiges Lebensmittel, ob die Zusammensetzung des neuartigen Lebensmittels und die Verwendungsbedingungen kein Sicherheitsrisiko darstellen und ob der Verzehr des neuartigen Lebensmittels für die Verbraucher*innen ernährungsphysiologisch nicht nachteilig ist. Das wissenschaftliche Gutachten der EFSA stützt sich dabei auf die von Antragsteller*innen vorgelegten Daten und auf verfügbare wissenschaftliche Erkenntnisse. Die EFSA führt keine unabhängigen, originären Studien zum Inhalt des Antrags durch.

Die EFSA ist befugt, das Verfahren zu unterbrechen, wenn weitere Daten benötigt werden. Diese Verzögerungen können auf das Studiendesign, den Umfang oder die Ergebnisse der Studien zurückzuführen sein. Studien, die durchgeführt werden, um in das Dossier aufgenommen zu werden, müssen der EFSA vor ihrer Durchführung gemeldet werden. Geschieht dies nicht, kann dies zu Verzögerungen von mehr als sechs Monaten führen und eine erneute Einreichung des Antrags erforderlich machen.

Vor der Antragseinreichung können Antragsteller*innen eine Beratung durch die EFSA erhalten. Diese bezieht sich jedoch nur auf die allgemeinen Aspekte des Antrags. Sie greift einer späteren Bewertung nicht vor und ist nicht bindend. Das mit der Bewertung des Antrags befasste Personal der EFSA soll an der Beratung nicht beteiligt sein.

12.1.3 Zulassungsentscheidung

Nachdem die EFSA ihr wissenschaftliches Gutachten veröffentlicht hat, erstellt die Europäische Kommission den Entwurf einer Durchführungsverordnung. Über die Durchführungsverordnung wird dabei im PAFF-Ausschuss abgestimmt. Das genaue Verfahren richtet sich nach der sogenannten Komitologie-Verordnung (EU) Nr. 182/2011. Danach wird eine Durchführungsverordnung angenommen, wenn im PAFF-Ausschuss eine qualifizierte Mehrheit zustimmt. Dies ist der Fall, wenn mindestens 55 % der Mitgliedstaaten dafür stimmen, die zusammen mindestens 65 % der EU-Gesamtbevölkerung vertreten. Gibt der Ausschuss eine negative Stellungnahme ab, darf die Kommission den Entwurf des Durchführungsrechtsakts nicht annehmen. In diesem Fall kann dem Ausschuss innerhalb von zwei Monaten eine geänderte Fassung der Durchführungsverordnung vorgelegt werden. Alternativ kann die Durchführungsverordnung auch innerhalb eines Monats einem Berufungsausschuss zur weiteren Beratung vorgelegt werden. Wird keine Stellungnahme abgegeben, darf die Kommission den Durchführungsrechtsakt nicht annehmen, da der Rechtsakt den Schutz der Gesundheit oder Sicherheit von Menschen, Tieren oder Pflanzen betrifft. Wird das neuartige Lebensmittel zugelassen, ist die Zulassung allgemein. Das bedeutet, dass jeder das Erzeugnis in den Verkehr bringen kann, sofern die festgelegten Verwendungsbedingungen und Kennzeichnungsvorschriften eingehalten werden. Der Geltungsbereich der Zulassung wird in der Durchführungsverordnung genau festgelegt. Die Zulassung betrifft nur einzelne Produkte, die unter bestimmten Bedingungen hergestellt werden und für bestimmte Verwendungszwecke zugelassen sind. So ist beispielsweise das neuartige Lebensmittel „Gefrorene, getrocknete und pulverisierte Formen von *Acheta domesticus* (Heimchen)" für die Verwendung in mehreren Lebensmittelkategorien zugelassen, von „Brot und Brötchen" bis hin zu „bierähnlichen Getränken, alkoholischen Getränkemischungen" und „Fleischanaloga". Bei „Fleischanaloga" ist die Verwendung von gefrorenem Heimchen bis zu einer Höchstmenge von 80 g pro 100 g erlaubt, während die Verwendung von getrocknetem oder pulverförmigem Heimchen auf 50 g pro 100 g begrenzt ist. Angesichts dieser sehr detaillierten Zulassungspraxis dürfte davon auszugehen sein, dass Produzent*innen von kultiviertem Fleisch für spezifische Produkte jeweils separate Anträge stellen müssen und für unterschiedliche Zelllinien, Wachstumsmedien und Produktionsprozesse jeweils eine spezifische Risikobewertung erforderlich ist.

Im Zulassungsverfahren können Antragsteller*innen außerdem den sogenannten Datenschutz beantragen. Wird dieser gewährt, dürfen die von Antragsteller*innen vorgelegten Studien während eines nicht verlängerbaren Zeitraums von fünf Jahren nicht zugunsten nachfolgender Antragsteller*innen verwendet werden. In der Praxis bedeutet dies eine begrenzte Exklusivität, da andere Antragsteller*innen eigene Studien zur Sicherheit beibringen müssen, wenn sie innerhalb von fünf Jahren ein identisches Produkt auf den Markt bringen wollen.

Laut der Verordnung sollte das Zulassungsverfahren für neuartige Lebensmittel insgesamt höchstens 18 Monate dauern. Die EFSA hat jedoch die Möglichkeit, das Verfahren zu unterbrechen, wenn weitere Daten benötigt werden. Daher dauert ein durchschnittliches Zulassungsverfahren für neuartige Lebensmittel in der Praxis etwa 31 Monate (Le Bloch et al. 2025). Das Verfahren kann dabei jederzeit von den Antragsteller*innen oder von der Kommission abgebrochen werden.

12.2 Aktuelle Entwicklungen

Die Entwicklung von kultiviertem Fleisch wird politisch kontrovers diskutiert. Dabei wird auch der geltende Rechtsrahmen kritisiert. Die Regierungen einiger Mitgliedstaaten halten die *Novel-Food*-Verordnung für nicht ausreichend. Sie betreffe allein die Sicherheit neuartiger Lebensmittel und sei nicht geeignet, potenzielle Konsequenzen, beispielsweise für die bestehende Land- und Lebensmittelwirtschaft, angemessen zu regeln. Am 16. Dezember 2023 trat beispielsweise in Italien ein Gesetz in Kraft, das die Produktion und den Handel mit kultiviertem Fleisch vorsorglich verbietet (Planchenstainer 2024). Das Gesetz verweist dabei ausdrücklich auf das Vorsorgeprinzip und auf die Notwendigkeit, das gastronomische Erbe des Landes zu schützen. Am 22. Januar 2024 richteten die

Delegationen Italiens, Österreichs, Frankreichs und elf weiterer EU-Mitgliedstaaten einen Vermerk an den Europäischen Rat, in dem sie ihre Besorgnis über die Sicherheit von kultiviertem Fleisch zum Ausdruck brachten (Monaco 2025a). Gefordert wird ein umfassenderer Ansatz für kultiviertes Fleisch, der ethische, wirtschaftliche und soziale Aspekte berücksichtigt.

Da die Mitgliedstaaten im Rahmen des Zulassungsverfahrens für neuartige Lebensmittel über die endgültige Zulassung mitbestimmen können, weckt diese Mitteilung bei den Befürworter*innen kultivierten Fleisches Besorgnis, denn wenn die Vertreter*innen aller vierzehn Länder, die den Vermerk an den Rat unterstützt haben, im PAFF-Ausschuss gegen die Zulassung stimmen, könnte ein Antrag auf Zulassung von kultiviertem Fleisch trotz eines positiven wissenschaftlichen Gutachtens der EFSA nicht genehmigt werden.

Es gibt jedoch auch Mitgliedstaaten, die die Entwicklung von kultiviertem Fleisch ausdrücklich fördern, und dabei die Spielräume des bestehenden europäischen Rechtsrahmens so weit wie möglich zugunsten innovativer Produkte ausnutzen wollen. Ein Beispiel ist der niederländische Verhaltenskodex für die sichere Durchführung von Verkostungen von kultivierten Lebensmitteln vor der EU-Zulassung (Ministerie van Landbouw, Visserij, Voedselzekerheid en Natuur, Ministerie van Volksgezondheid, Welzijn en Sport 2023). Dieser Kodex stützt sich auf eine anerkannte Ausnahme für „Demonstrationen" nicht zugelassener Produkte. Der Kodex definiert insofern mehrere Bedingungen, unter denen Verkostungen kein Inverkehrbringen des neuartigen Lebensmittels darstellen: So dürfen diese Verkostungen nur auf Einladung stattfinden; ein Zugang der allgemeinen Öffentlichkeit muss ausgeschlossen sein; es dürfen maximal 30 Personen teilnehmen (weitere Vertreter von Interessengruppen wie Investoren, Journalisten oder Regulierungsbehörden können aber anwesend sein) und die Teilnehmer*innen dürfen nicht bezahlt werden.

Mehr Klarheit über den Rechtsrahmen und die praktische Handhabung sind in den nächsten Jahren zu erwarten, da mittlerweile die ersten Zulassungsverfahren laufen: Der erste Zulassungsantrag für ein kultiviertes Fleischprodukt wurde im August 2024 vom französischen Unternehmen Gourmey eingereicht; im Januar folgte der Antrag des niederländischen Unternehmens Mosa Meat.

12.3 Kennzeichnung

Im Gegensatz zur GVO-Verordnung sieht die *Novel-Food*-Verordnung keine spezifischen Informations- oder Kennzeichnungsanforderungen vor. Allerdings stehen Ersatzprodukte in dieser Hinsicht vor allgemeinen rechtlichen Herausforderungen.

Nach der Verordnung (EG) Nr. 178/2002 zur Festlegung der allgemeinen Grundsätze und Anforderungen des Lebensmittelrechts (sog. Basis-Verordnung) gehört der Name eines Lebensmittels zu den Pflichtinformationen und muss deutlich auf dem Etikett angegeben werden. Soweit bestimmte Begriffe durch europäisches Recht ausdrücklich geregelt sind, ist es nach der Rechtsprechung des Europäischen Gerichtshofs (EuGH) im Urteil „TofuTown“ vom 14. Juni 2017 (C-422/16) verboten, diese Begriffe beispielsweise für pflanzliche Ersatzprodukte zu verwenden. Dies betrifft in der Praxis vor allem Milchprodukte und Honig.

Gleichzeitig hat der EuGH in einem Urteil vom 04. Oktober 2024 (C-438/23) entschieden, dass die Mitgliedstaaten die Verwendung von für Fleischprodukte üblichen Begriffen wie z. B. „Burger“ oder „Steak“ für vegane Ersatzprodukte nicht gesetzlich verbieten können. Möglich erscheint nach dem Urteil allerdings, dass Mitgliedstaaten oder die Union bestimmte Begriffe „positiv“ definieren, d. h. Kriterien festlegen, unter denen sie verwendet werden (z. B. tierischen Ursprung). Tatsächlich ist daraufhin im Europäischen Parlament die Debatte wieder aufgeflammt, die Verwendung von für Fleischprodukte üblichen Begriffen für vegane Produkte auszuschließen. Welche Bezeichnungen genau erfasst sind, wird politisch und juristisch aktuell kontrovers diskutiert.

Fehlt eine rechtlich vorgeschriebene Bezeichnung, sind Lebensmittel mit einer „verkehrsüblichen Bezeichnung“ oder, falls es auch diese nicht gibt, mit einer „beschreibenden Bezeichnung“ zu benennen. In Deutschland sind dabei vor allem die Leitsätze der Lebensmittelbuchkommission von großer Bedeutung. Diese werden von produktbezogenen Fachausschüssen ausgearbeitet und aktualisiert. Sie sind keine Rechtsvorschriften, sondern haben den Rang von Sachverständigengutachten. Sie werden vom Bundesministerium für Landwirtschaft, Ernährung und Heimat im Einvernehmen mit dem Bundesministerium für Wirtschaft und Energie im Bundesanzeiger veröffentlicht. Nach einer mehrjährigen Diskussion wurde am 10. September 2024 eine Neufassung der „Leitsätze für vegane und vegetarische Lebensmittel mit Ähnlichkeit zu Lebensmitteln tierischen Ursprungs“ beschlossen (Bundesministerium für Landwirtschaft, Ernährung und Heimat 2024). Diese stellen im Vergleich zum bisherigen Rechtszustand eine deutliche Erleichterung für Ersatzprodukte dar. Nach wie vor bestehen aber bestimmte Unsicherheiten, insbesondere wenn für ihre Verwendung eine weitgehende oder hinreichende sensorische Ähnlichkeit mit dem betreffenden tierischen Produkt gefordert wird.

Im Gegensatz zu pflanzenbasierten Ersatzprodukten bestehen kultivierte Fleischerzeugnisse tatsächlich aus tierischen Zellen. Als neuartige Lebensmittel erhalten sie mit der Zulassung eine gesetzliche Bezeichnung. Beispiele für Produkte aus tierischen Zellkulturen gibt es noch nicht. Gegenwärtig sind fünf neuartige Lebensmittel aus pflanzlichen Zellkulturen zugelassen. Die gesetzlichen Bezeichnungen dieser Produkte lauten beispielsweise „Zellkulturbiomasse aus Apfelfrüchten“ und „Trockenextrakt von *Lippia citriodora* aus Zellkulturen HTN®Vb“. Ausgehend von diesen Beispielen könnten Formulierungen wie „Zellkulturbiomasse aus Muskelzellen von Hühnern“ für kultivierte Fleischerzeugnisse denkbar sein.

Falls sich aus der Risikobewertung ein potenzielles Risiko für bestimmte Verbraucher*innengruppen ergibt, könnte außerdem ein entsprechender Warnhinweis auf dem Etikett erforderlich sein, beispielsweise eine Warnung vor allergischen Reaktionen von Personen mit einer bekannten Allergie gegen Krustentiere. Bei kultivierten Fleischerzeugnissen können solche Risiken auf Stoffe zurückzuführen sein, die im Produktionsprozess verwendet werden und bei besonders anfälligen Verbraucher*innengruppen Probleme verursachen. Ähnliche Warnhinweise sind jedoch häufig auf Lebensmitteletiketten zu finden und stellen insofern keinen speziellen Nachteil für kultivierte Fleischprodukte dar.

12.4 Fazit

Für die Einführung von kultiviertem Fleisch in der EU ist die *Novel-Food*-Verordnung von zentraler Bedeutung. Diese regelt das Zulassungsverfahren auf Basis einer unabhängigen, wissenschaftlichen Risikobewertung. Das Verfahren ist für Unternehmen herausfordernd, da es mehrere Jahre dauern kann und erhebliche wissenschaftliche und finanzielle Ressourcen erfordert. Ein neuer Leitfaden der EFSA enthält dabei spezifische Anweisungen für die Vorbereitung von Anträgen für Produkte aus Zellkulturen. Ende 2024 bzw. Anfang 2025 wurden die ersten beiden Anträge für Produkte aus Zell- und Gewebekulturen eingereicht (Reinhardt et al. 2024).

Einige EU-Mitgliedstaaten äußern Bedenken hinsichtlich der Zulassung von kultiviertem Fleisch, da sie mögliche unbekannte Auswirkungen auf die menschliche Gesundheit und wirtschaftliche Folgen für die traditionelle Tierhaltung befürchten. Infolgedessen hat beispielsweise Italien die Produktion und den Verkauf von kultiviertem Fleisch verboten.

Außerhalb der EU zeigen einige Staaten Interesse daran, die Entwicklung von kultiviertem Fleisch rechtlich zu erleichtern (Monaco 2025b). Im Jahr 2020 hat Singapur ein erstes Produkt aus Zellkulturen zugelassen, kurz darauf folgten die Vereinigten Staaten und Israel und zuletzt Australien und Neuseeland. Das Vereinigte Königreich, dessen Rechtsrahmen für neuartige Lebensmittel nach dem Brexit noch weitgehend den EU-Regeln folgt, hat im Jahr 2024 eine sogenannte *„regulatory sandbox“* für Zellkulturen eingeführt. Das zweijährige Programm umfasst acht Start-ups aus verschiedenen Ländern und zielt darauf ab, Unternehmen, Regulierungsbehörden und Wissenschaftler*innen zusammenzubringen, um wirksame und effiziente Regelungen und Standards für das Zulassungsverfahren dieser Produkte zu entwickeln. Auch in der EU mehren sich Stimmen, die experimentelle Regulierung und *„regulatory sandboxes“* für neuartige Lebensmittel wie kultiviertes Fleisch fordern (z. B. Molitorisová und Purnhagen 2025; Reinhardt & Monaco 2025).

Literatur

Bundesministerium für Landwirtschaft, Ernährung und Heimat (2024) Leitsätze für vegane und vegetarische Lebensmittel mit Ähnlichkeit zu Lebensmitteln tierischen Ursprungs. https://www.bmleh.de/SharedDocs/Downloads/DE/_Ernaehrung/Lebensmittel-Kennzeichnung/LeitsaetzevegetarischeveganeLebensmittel.html. Zugegriffen: 14. Jan. 2026

EFSA Panel on Nutrition, Novel Foods and Food Allergens (NDA), Turck D, Bohn T et al (2024) Guidance on the scientific requirements for an application for authorisation of a novel food in the context of Regulation (EU) 2015/2283. EFSA Journal 22(9):e8961. https://doi.org/10.2903/j.efsa.2024.8961

Le Bloch J, Rouault M, Langhi C et al (2025) The novel food evaluation process delays access to food innovation in the European Union. npj Sci Food 9:117. https://doi.org/10.1038/s41538-025-00492-x

Molitorisová A, Purnhagen K (2025) Regulatory sandboxes for novel foods. Eur J Risk Reg 1–19. https://doi.org/10.1017/err.2021.59

Monaco A (2025a) A perspective on the regulation of cultivated meat in the European Union. npj Sci Food 9:21. https://doi.org/10.1038/s41538-025-00384-0

Monaco A (2025b) Regulatory barriers and incentives for alternative proteins in the European Union and Australia-New Zealand. Br Food J 13:171–189. https://doi.org/10.1108/BFJ-06-2024-0650

Planchenstainer F (2024) Meat me in Italy: the Italian ban on sounding names and cell-cultured meat. Eur Food Feed Law Rev 19:66–71. https://effl.lexxion.eu/article/EFFL/2024/2/5?_locale=de

Reinhardt T, Monaco A (2025) How innovation-friendly is the EU Novel Food Regulation? The case of cellular agriculture. Future Foods 11:100574. https://doi.org/10.1016/j.fufo.2025.100574

Reinhardt T, Monaco A, Purnhagen K (2024) Cultivated foie gras flies into Europe – prepare for legal disruption. European Law Blog. https://doi.org/10.21428/9885764c.cff9f420. Zugegriffen: 14. Jan. 2026

Ministerie van Landbouw, Visserij, Voedselzekerheid en Natuur, Ministerie van Volksgezondheid, Welzijn en Sport (2023) Code of practice for safely conducting tastings of cultivated foods prior to EU approval. https://open.overheid.nl/documenten/39127f7e-b18b-4ddf-95a7-0be5ff660aed/file. Zugegriffen: 14. Jan. 2026

Rubino V, Rossi Dal Pozzo F (2024) The regulatory framework for the authorisation to produce and market cultured meat in the EU. Eur Food Feed Law Rev 19:199–210. https://effl.lexxion.eu/article/EFFL/2024/4/7

13 Zwischen Ko-Existenz und Dominanz: Rollen etablierter Akteur*innen der Fleisch- und Fischindustrie in zellulären Wertschöpfungsketten

Igor Blumberg und Nick Lin-Hi

Zusammenfassung

Die zelluläre Landwirtschaft ist eine Sprunginnovation, die das Potenzial hat, die Herstellung tierischer Proteine zu revolutionieren. Prominente Anwendungsfelder sind dabei kultiviertes Fleisch und kultivierter Fisch. Diese werden nicht durch die Aufzucht bzw. den Fang von Tieren, sondern durch die biotechnologische Kultivierung von Zellen erzeugt. Dieser Beitrag untersucht die Auswirkungen dieser veränderten Produktionslogik auf die bestehenden Wertschöpfungsketten der Fleisch- und Fischindustrie. Diskutiert werden zwei mögliche idealtypische Entwicklungspfade: Erstens wird ein Ko-Existenzpfad betrachtet, in dem konventionelle und zelluläre Produktionsweisen nebeneinander existieren. Zweitens wird ein Dominanzszenario untersucht, in dem die zelluläre Produktion zum dominierenden Standard wird. Für das Dominanzszenario wird aufgezeigt, wie Akteur*innen aus der Fleisch- und Fischindustrie darauf reagieren können und welche Möglichkeiten bestehen, sich in neu entstehende Wertschöpfungsketten einzubringen.

Dieser Artikel ist im Rahmen des gemeinsamen Forschungsvorhabens „INVERS“ zwischen der Universität Vechta, der Universität Stuttgart und der BLUU Seafood GmbH entstanden. Die Förderung des Vorhabens erfolgt aus Mitteln des Bundesministeriums für Ernährung und Landwirtschaft (BMLEH) aufgrund eines Beschlusses des deutschen Bundestages. Die Projektträgerschaft erfolgt über die Bundesanstalt für Landwirtschaft und Ernährung (BLE) im Rahmen des Programms zur Innovationsförderung.

I. Blumberg (✉) · N. Lin-Hi
Universität Vechta, Vechta, Deutschland
E-Mail: igor.blumberg@uni-vechta.de

N. Lin-Hi
E-Mail: nick.lin-hi@uni-vechta.de

N. Lin-Hi und I. Blumberg (Hrsg.), *Kultiviertes Fleisch,* SDG – Forschung, Konzepte, Lösungsansätze zur Nachhaltigkeit, https://doi.org/10.1007/978-3-662-73361-5_13

13.1 Einleitung

Die traditionelle Erzeugung tierischer Proteine steht vor einem strukturellen Spannungsfeld: Einerseits wächst die weltweite Nachfrage nach Fleisch und Fisch weiter, getrieben durch Bevölkerungswachstum und steigenden Wohlstand. Andererseits werden die ökologischen Grenzen der bestehenden Produktionssysteme immer deutlicher sichtbar – etwa in Bezug auf Treibhausgasemissionen, Flächenverbrauch und Biodiversitätsverluste. Dieser Zielkonflikt zwischen Produktionsausweitung und planetaren Belastungsgrenzen lässt sich nicht allein mit Effizienzsteigerungen auflösen. Entsprechend gerät die heutige Fleisch- und Fischindustrie zunehmend unter Transformationsdruck und sieht sich mit der Notwendigkeit konfrontiert, grundlegend neue Produktionslogiken in den Blick zu nehmen.

Einerseits konnte die Fleisch- und Fischindustrie in den vergangenen Jahren durchaus Fortschritte bei der Verbesserung ihrer Nachhaltigkeitsleistung erzielen. Beispiele hierfür sind die Einführung energieeffizienterer Stalltechnik und geschlossener Kreislaufsysteme in der Aquakultur. Andererseits bleiben die zugrunde liegenden Herausforderungen in Bezug auf Nachhaltigkeit weiterhin bestehen. Die bisherigen Fortschritte sind das Resultat überwiegend inkrementeller, also kleiner, schrittweiser Verbesserungen innerhalb der etablierten Produktionsweise. Sie erhöhen die Effizienz oder reduzieren Belastungen in einzelnen Produktionsschritten, lassen die strukturellen Probleme der bestehenden Produktionssysteme jedoch weitgehend unberührt. Gerade deshalb können sie existierende Zielkonflikte häufig nur begrenzt entschärfen und reichen allein nicht aus, um tieferliegende Spannungen zwischen Produktionsausweitung und Nachhaltigkeitsanforderungen systematisch zu adressieren.

Einen Ansatz zur Lösung struktureller Herausforderungen bieten sogenannte Sprunginnovationen (Hansmeier & Koschatzky 2021). Damit sind Innovationen gemeint, die nicht lediglich kleine Verbesserungen im bestehenden System erzielen, sondern einen grundlegend neuen Zugang zur Lösung eines bestehenden Problems eröffnen. Im Gegensatz zu inkrementellen Innovationen, die vor allem einzelne Schritte des etablierten Systems nach und nach optimieren, haben Sprunginnovationen das Potenzial, Abhängigkeiten von bestehenden (technologischen) Logiken und Routinen zu durchbrechen. Wenn Sprunginnovationen zudem über deutliche ökologische und/oder soziale Vorteile gegenüber den bisherigen Produktionsweisen verfügen, leisten sie gleichzeitig auch einen wichtigen Beitrag zu einer nachhaltigen Entwicklung (Cui & Wang 2022).

Im Bereich der Agrar- und Ernährungsindustrie stellt die zelluläre Landwirtschaft mit ihren prominenten Anwendungsfeldern kultiviertes Fleisch und kultivierter Fisch eine solche Sprunginnovation für eine nachhaltige Entwicklung dar. Während das heutige Produktionssystem darauf beruht, „ganze Tiere“ aufzuziehen oder zu fangen und zu nutzen, um tierische Lebensmittel herzustellen, erfolgt dies bei der zellulären Landwirtschaft auf der Ebene der Zellen. Mittels biotechnologischer Verfahren lassen sich die gewünschten

Zelltypen gewinnen, aus denen viele bekannte Fleisch- und Fischprodukte wie Burger-Patties, Chicken-Nuggets oder Fischstäbchen erzeugt werden können (siehe Kap. 3). Da bei der zellulären Landwirtschaft der „Umweg“ über die Aufzucht bzw. das Fangen von Tieren entfällt, beruht ihr sprunginnovativer Charakter auf einer grundlegend neuen Produktionslogik, die gegenüber konventionellen Verfahren zugleich erhebliches Nachhaltigkeitspotenzial aufweist (siehe Kap. 7).

Es ist typisch für Sprunginnovationen, dass sie bestehende Produktionslogiken und Wertschöpfungsstrukturen herausfordern und somit Anpassungsdruck bei etablierten Akteur*innen auslösen (Ansari & Krop 2012). Im Folgenden wird skizziert, welche Veränderungen die Herstellung von kultiviertem Fleisch und kultiviertem Fisch für heutige Wertschöpfungsketten mit sich bringt und welche Möglichkeiten es für etablierte Akteur*innen der Fleisch- und Fischindustrie gibt, Teil neuer zellulärer Wertschöpfungsketten zu werden.

Die nachfolgenden Ausführungen stellen eine vereinfachte Betrachtung möglicher Veränderungen von Wertschöpfungsketten im Kontext der zellulären Landwirtschaft dar. Sie sind als Gedankenexperiment zu verstehen, das mögliche strukturelle Veränderungen sichtbar machen soll. Entsprechend geht es nicht darum, wie weit die zelluläre Technologie bereits entwickelt ist oder ob und wann sich kultiviertes Fleisch und kultivierter Fisch am Markt durchsetzen werden. Vielmehr wird betrachtet, wie sich Produktions- und Wertschöpfungsstrukturen verändern könnten, sollte sich die zelluläre Landwirtschaft am Markt etablieren.

13.2 Schöpferische Zerstörung und neue Produktionslogiken der zellulären Landwirtschaft

Sprunginnovationen beruhen auf technologischen Durchbrüchen und ermöglichen in Form von neuen Produkten, Dienstleistungen oder Geschäftsmodellen einen deutlichen Sprung bei Nutzen und Leistungsfähigkeit gegenüber bestehenden Lösungen, verbunden mit dem Potenzial, bestehende Märkte grundlegend zu verändern (Leifer et al. 2000). Diese Dynamik kann zu dem führen, was Schumpeter (1942) einst als „schöpferische Zerstörung“ bezeichnete: Neue Produktionsweisen schaffen Mehrwert, setzen sich durch und verdrängen etablierte Prozesse und Strukturen. Die zerstörerische Kraft von Sprunginnovationen äußert sich darin, dass bestehendes Wissen, erlernte Fertigkeiten, getätigte Investitionen, vorhandene technische Ausstattung und Geschäftsmodelle entwertet werden, sofern sie an den etablierten technologischen Pfad gebunden sind. Unter den Bedingungen eines neuen, durch Sprunginnovationen eröffneten Pfades können diese Ressourcen nicht mehr in gleicher Weise zur Wertschöpfung eingesetzt werden. Genau deshalb sind Sprunginnovationen in der Lage, weitreichende Veränderungen in existierenden Wertschöpfungsketten auszulösen und etablierte Industrien zu transformieren.

Kultiviertes Fleisch und kultivierter Fisch sind solche Sprunginnovationen. Die konventionelle Erzeugung tierischer Proteine basiert historisch auf der Domestizierung und Haltung von Nutztieren sowie dem Fang bzw. der Jagd. Dabei wird in allen Varianten ein „ganzes Tier“ als biologisches System genutzt, um daraus Fleisch- oder Fischprodukte herzustellen. Der zelluläre Ansatz durchbricht diese Logik: Zwar bleiben Fleisch und Fisch als Produktkategorien erhalten, doch folgt die Herstellung einem grundsätzlich anderen Prinzip. Anstatt Tiere für den menschlichen Verzehr zu züchten und zu mästen bzw. zu fangen, wird eine kleine Probe tierischer Zellen benötigt, die anschließend in Bioreaktoren kultiviert wird. Die Produktionslogik verschiebt sich somit von der Bewirtschaftung ganzer Tiere hin zur kontrollierten Kultivierung und Verarbeitung tierischer Zellen.

Diese veränderte Produktionslogik hat direkte Folgen für bestehende Wertschöpfungsketten. In konventionellen Systemen beginnt die Primärproduktion bei Zucht und Haltung bzw. beim Fang oder in der Aquakultur und wird durch Bereiche wie Tiergesundheit, Logistik sowie Schlachtung und Verarbeitung komplettiert. Beim zellulären Ansatz stehen dagegen andere Schritte im Mittelpunkt: Zellen werden gewonnen und in kontrollierten Umgebungen kultiviert sowie in größerem Maßstab vermehrt, bevor sie zu bekannten Fleisch- und Fischprodukten weiterverarbeitet werden. Das Ziel – ein vermarktbares Fleisch- oder Fischprodukt – bleibt zwar unverändert, doch entlang der Wertschöpfungskette verschieben sich zentrale Prozesse sowie die erforderlichen Ressourcen, Kompetenzen und Infrastrukturen deutlich (siehe Abb. 13.1 und 13.2).

Angesichts der veränderten Wertschöpfungslogik stellt sich die Frage, wie bestehende Industrien strategisch mit den entstehenden Veränderungen umgehen können. Die Beantwortung dieser Frage hängt unter anderem davon ab, wie das Verhältnis zwischen kultivierten und konventionellen Produkten langfristig aussehen wird, das heißt, ob beide nebeneinander bestehen und unterschiedliche Marktsegmente bedienen oder ob sich die zelluläre Produktionslogik als dominanter technologischer Pfad durchsetzt.

Abb. 13.1 Die Wertschöpfungsketten von konventionellem und kultiviertem Fleisch im Vergleich. *Vereinfachte Darstellung. Die roten Symbole stellen die Schritte der konventionellen Fleischherstellung dar, die grünen Symbole die Schritte der Herstellung von kultiviertem Fleisch.* Quelle: Eigene Darstellung

Abb. 13.2 Die Wertschöpfungsketten von konventionellem und kultiviertem Fisch im Vergleich. *Vereinfachte Darstellung. Die roten Symbole stellen die Schritte der konventionellen Fischherstellung dar, die grünen Symbole die Schritte der Herstellung von kultiviertem Fisch.* Quelle: Eigene Darstellung

13.3 Mögliche Entwicklungspfade: Zwischen Ko-Existenz und Dominanz

Die Entwicklung kultivierter Fleisch- und Fischprodukte ist derzeit von erheblichen Unsicherheiten geprägt. Die zugrunde liegende Technologie befindet sich in der Entwicklungs- bzw. frühen Skalierungsphase, und es ist offen, wie schnell und in welcher Form sich Produktionskosten, Zuverlässigkeit der Prozesse, regulatorische Rahmenbedingungen und industrielle Standards entwickeln werden. Ebenso ist derzeit offen, welche zellulären Produktions- und Organisationsmodelle sich langfristig durchsetzen werden, etwa mit Blick auf Zentralisierung, Standortwahl oder die Einbindung bestehender industrieller Infrastrukturen.

Unter der Annahme, dass sich kultivierte Produkte erfolgreich am Markt etablieren werden, ist es naheliegend, zunächst von einer Phase auszugehen, in der konventionelle und zellbasierte Produktionslogiken nebeneinander existieren. Aus innovationstheoretischer Perspektive sieht ein typisches Muster wie folgt aus: Neue Produktionslogiken etablieren sich nicht abrupt, sondern entwickeln sich schrittweise in den Markt hinein. Auch bei der gesellschaftlichen Akzeptanz ist eher ein schrittweiser Prozess zu erwarten. Gemäß dem *Diffusion-of-Innovations*-Modell (Rogers 2005) ist davon auszugehen, dass sich kultivierte Produkte zunächst bei Innovatoren und frühen Anwendern durchsetzen, bevor sie auch von der breiten Bevölkerung akzeptiert werden (siehe Kap. 9).

Die Phase einer Ko-Existenz von konventionellen und kultivierten Produkten kann sowohl vorübergehender als auch dauerhafter Natur sein. Eine dauerhafte Ko-Existenz ist insbesondere dann wahrscheinlich, wenn die jeweiligen Produktionslogiken langfristig unterschiedliche Marktsegmente bedienen. So ist etwa denkbar, dass sich kultivierte Fleisch- und Fischprodukte dort etablieren, wo ein hohes Maß an Standardisierung, gleichbleibender Qualität und genauer Kontrolle der Produkteigenschaften gefragt ist. Dies könnte beispielsweise für verarbeitete Produkte wie Bratwürste, Nuggets oder

Fischfrikadellen gelten. Bei diesen Produkten könnte die zelluläre Produktionsweise funktionale Vorteile haben, da sich deren Eigenschaften gezielt definieren lassen. So lassen sich beispielsweise Textur, Nährstoffgehalt, Fettanteile oder funktionale Inhaltsstoffe von kultiviertem Fleisch oder Fisch bereits bei der Herstellung präzise kontrollieren, was mit konventionellen Produktionsverfahren nur eingeschränkt möglich ist. Demgegenüber könnten konventionell erzeugte Fleisch- und Fischprodukte weiterhin dort konsumiert werden, wo spezifische Teilstücke oder kulturell etablierte Erwartungen an Herkunft und Herstellung eine besondere Rolle spielen, etwa bei regional verankerten Spezialitäten oder in bestimmten gastronomischen Kontexten.

Neben einer Ko-Existenz-Konstellation ist auch ein Dominanzszenario denkbar, in dem sich die zelluläre Landwirtschaft als neuer technologischer Standard durchsetzt. Voraussetzung hierfür ist, dass zelluläre Produktionsprozesse technisch in der Lage sind, die bestehende Nachfrage nach Fleisch und Fisch vollständig zu decken. Ein Dominanzszenario wird zudem wahrscheinlicher, wenn kultivierte Produkte relevante Kundenvorteile gegenüber konventionell erzeugten Produkten aufweisen, beispielsweise in Bezug auf Preis, Gesundheit oder Nachhaltigkeit. In einem solchen Fall würde die zelluläre Landwirtschaft die typischen Merkmale von Sprunginnovationen ausspielen, das heißt, sie würde einen deutlichen Nutzen- und Leistungssprung gegenüber bestehenden Lösungen bieten und mit der Zeit immer größere Teile der Nachfrage nach tierischen Proteinen bedienen. Dies würde gleichsam bedeuten, dass kultivierte Produkte ihre konventionellen Pendants in die Nische drängen würden. Damit würde der von Schumpeter beschriebene Prozess der schöpferischen Zerstörung konkret werden: Neue, zelluläre Produktionsweisen entwerten schrittweise bestehende Technologien, Routinen, Investitionen und Kompetenzen, die an den bisherigen Pfad gebunden sind. Dies wiederum würde eine tiefgreifende Transformation der bestehenden Fleisch- und Fischindustrie auslösen. Ein solcher Pfadwechsel beträfe nicht nur einzelne Produktionsschritte, sondern weite Teile der heutigen Wertschöpfung und ihrer Organisation (siehe Abb. 13.1 und 13.2). Während sich die Erzeugung tierischer Proteine an biotechnologischen Produktionsprozessen orientiert, würden historisch zentrale Elemente der heutigen Primärproduktion, insbesondere Fang bzw. Tierhaltung sowie Mast und Schlachtung, zunehmend an Bedeutung verlieren.

Insbesondere im Dominanz-Szenario stellt sich die Frage, wie etablierte Akteur*innen der heutigen Fleisch- und Fischindustrie mit den damit verbundenen Umbrüchen umgehen und welche Rollen sie in einem zellulären Wertschöpfungssystem einnehmen können, um ihre Zukunftsfähigkeit in einem veränderten Marktumfeld zu wahren. Diese Frage wird nachfolgend diskutiert.

13.4 Implikationen für die bestehende Fleisch- und Fischindustrie

Im Ko-Existenz-Szenario ist es denkbar, dass viele etablierte Akteur*innen der Fleisch- und Fischindustrie ihr Geschäftsfeld weiterbetreiben können. Dies wäre insbesondere dann der Fall, wenn die zelluläre Landwirtschaft zur Deckung der steigenden globalen Nachfrage nach Fleisch und Fisch genutzt würde.

Ein anderes Bild zeichnet sich im Dominanz-Szenario ab. Die Entwicklungsrichtungen reichen dabei von der Verdrängung etablierter Akteur*innen aus der Fleisch- und Fischindustrie bis zu deren Integration in neue zelluläre Wertschöpfungsketten. Letzteres basiert auf einem Transformationsprozess, bei dem die neuen Rollen der etablierten Akteur*innen maßgeblich davon abhängen, inwieweit ihre bestehende Ressourcenbasis – also ihre Fähigkeiten, materiellen und immateriellen Ressourcen sowie ihre bisherigen Wertschöpfungsbeiträge – in die zelluläre Wertschöpfung überführbar ist. Im Sinne eines ressourcenbasierten Ansatzes (Barney 1991) sind insbesondere jene Bestandteile dieser Ressourcenbasis relevant, die im Kontext der zellulären Landwirtschaft zur Bewältigung zentraler technologischer, infrastruktureller oder organisatorischer Anforderungen beitragen. Im Folgenden werden mögliche Integrationspfade für unterschiedliche Akteur*innen im Dominanzszenario skizziert.

13.4.1 Integrationsmöglichkeiten für etablierte Akteur*innen der Fleischindustrie

Für klassische Primärproduzenten der Fleischwirtschaft, wie etwa Tierhalter und Mastbetriebe, ergeben sich Integrationsmöglichkeiten vor allem durch die Bereitstellung von Standort- und Infrastrukturressourcen für zelluläre Produktionssysteme. Dazu zählen insbesondere Flächen und Gebäude, Energie- und Wasseranschlüsse sowie – je nach Betrieb – Kühl- und Lagerkapazitäten. Ein direkter Einstieg in die zelluläre Primärproduktion ist zwar denkbar, erfordert jedoch hohe Investitionen in Anlagen, eine hygienisch kontrollierte Produktionsumgebung sowie den Aufbau biotechnologischer und qualitätssichernder Kompetenzen. Existierende Modelle[1] verfolgen hierfür einen Ansatz, bei dem landwirtschaftliche Betriebe zelluläre Produktionseinheiten in bestehende Farmstrukturen integrieren und fehlende Fähigkeiten über Technologiepartner und Systemintegration bereitgestellt bzw. eingekauft werden. In der Praxis dürfte dieser Weg vor allem für Betriebe realistisch sein, die über ausreichendes Kapital verfügen und bereit sind, neue biotechnologische Kompetenzen aufzubauen.

Eine mögliche Integration von Ackerbau- und Futtermittelbetrieben liegt im Bereich der standardisierten Inputströme für die zelluläre Wertschöpfung. Dies betrifft insbesondere Rohstoffe, die zu Nährmedienkomponenten wie etwa Glukose (siehe Kap. 4)

[1] Siehe beispielsweise www.respectfarms.com.

weiterverarbeitet werden können. Zusätzlich können sie pflanzliche Komponenten für hybride Produktformate wie beispielsweise Würstchen, Patties oder Nuggets bereitstellen. Je nach technologischer Ausgestaltung können pflanzenbasierte Komponenten zudem für Scaffolds relevant sein, die für die Herstellung strukturierter kultivierter Produkte zum Einsatz kommen (siehe Kap. 3).

Für Schlachtbetriebe ergeben sich Integrationsmöglichkeiten dort, wo ihre bestehenden Kompetenzen und Infrastrukturen in den Bereichen Hygiene, Kühlung und Qualitätssicherung auch bei der Herstellung von kultiviertem Fleisch benötigt werden. Auch wenn der eigentliche Schlachtprozess in der zellulären Wertschöpfung entfällt, können Schlachthöfe mit ausgeprägten Kühl- und Hygienesystemen sowie Betriebe mit Zerlegung und Dokumentationsroutinen ihre Infrastruktur und Prozesskompetenzen zur temperaturgeführten Annahme und Zwischenlagerung, zur chargenweisen Erfassung und Standardisierung zellulärer Inputs sowie zur qualitätsgesicherten Weitergabe in nachgelagerte Verarbeitungsschritte einbringen.

Für Akteur*innen der Fleischverarbeitung und Qualitätssicherung bestehen Integrationsmöglichkeiten vor allem in der produktbezogenen Weiterverarbeitung. Produkte aus zellulärer Produktion liegen in der Regel zunächst als formbare Zellmasse vor. Diese muss anschließend zu standardisierten und marktfähigen Produktformaten weiterverarbeitet werden. Hier können bestehende Kompetenzen in den Bereichen Rezepturentwicklung, Mischen, Strukturieren, Formgebung, Verpackung und Qualitätsmanagement eingebracht werden. Auch Kompetenzen in Bereichen Verpackung, Portionierung, Etikettierung und Rückverfolgbarkeit bieten Integrationspotenzial, wobei produktspezifische und prozessuale Anpassungen erforderlich sein können.

Für spezialisierte Akteur*innen der Kühl- und Fleischlogistik bieten sich Integrationsmöglichkeiten im Management temperaturgeführter Prozess- und Lieferketten. Viele kultivierte oder hybride Fleischprodukte müssen gekühlt, zwischengelagert und transportiert werden. Der mögliche Wertschöpfungsbeitrag dieser Akteur*innen liegt daher nicht nur im Transport, sondern auch in der Sicherstellung stabiler Kühlketten, in der Koordination von Umschlag- und Lagerprozessen sowie in der Bereitstellung temperaturgeführter Zwischen- und Endprodukte für Verarbeitung, Verpackung und Handel. Entsprechend blieben ihre Ressourcen wie Kühlhäuser, Kühl-Lkw und Umschlagsinfrastruktur sowie ihre Fähigkeiten in den Bereichen Handling, Rückverfolgbarkeit und Qualitätsdokumentation auch im zellulären Kontext funktional übertragbar.

13.4.2 Integrationsmöglichkeiten für etablierte Akteur*innen der Fischindustrie

Für die Fischwirtschaft ergeben sich teilweise andere Perspektiven als für die Fleischwirtschaft, da die Kernbereiche der Wertschöpfung unterschiedlich gelagert sind. In der

Fleischwirtschaft entsteht der zentrale Wert überwiegend in der kontrollierten Tierproduktion und der daran anschließenden standardisierten, vertikal integrierten Verarbeitung. Im Gegensatz dazu ist die Rohwarenbasis in der Fischwirtschaft häufig stärker durch Uneinheitlichkeit geprägt. Unterschiede in Arten, Größen und Qualitäten – insbesondere beim Wildfang – führen dazu, dass ein erheblicher Teil der Wertschöpfung nicht im Erzeugungsprozess selbst, sondern in der Sortierung, schnellen Kühlung, Qualitätsklassifizierung und sachgerechten Weiterleitung der Ware entsteht.

Für etablierte Akteur*innen der Fischindustrie bedeutet dies, dass ihr Integrationspotenzial in zelluläre Wertschöpfungsketten vor allem in qualitätssichernden, temperaturgeführten und verarbeitungsbezogenen Funktionen liegt, die auch im zellulären Kontext erforderlich sind. Demnach sind Akteur*innen integrationsfähig, die über eine Ressourcenbasis in kontrollierter Prozessführung sowie der Sicherung stabiler, verarbeitungsfähiger Produktqualitäten verfügen.

Vor diesem Hintergrund haben Aquakulturbetreiber vor allem in den operativen, qualitätssichernden und nachgelagerten Bereichen der zellbasierten Wertschöpfung Integrationspotenzial. Ihre Erfahrung in der Führung großskaliger, technisch regulierter Kreislaufsysteme, in denen Umwelt- und Leistungsparameter fortlaufend gemessen, dokumentiert und bei Abweichungen angepasst werden, qualifiziert sie für Aufgaben im laufenden Betrieb technisch regulierter Produktionsstandorte. Auch wenn sich Zellkulturanlagen hinsichtlich steriler Prozessführung und biotechnologischer Steuerung von aquakulturellen Systemen unterscheiden, bestehen strukturelle Parallelen in der kontinuierlichen Überwachung komplexer Produktionsumgebungen und der systematischen Parameterkontrolle. Bestehende Routinen im Hygienemanagement, in der Dokumentation und in der Rückverfolgbarkeit können in das Qualitätsmanagement, die Chargendokumentation sowie in Audit- und Compliance-Prozesse der zellbasierten Produktion eingebunden werden. Damit verfügen Aquakulturbetreiber über organisationale und prozessuale Kompetenzen, die insbesondere in regulierten, dokumentationsintensiven Produktionsumfeldern anschlussfähig sind. Zudem bieten vorhandene Verarbeitungsflächen, Handling-Erfahrung sowie Kühl- und Lagerinfrastrukturen Ansatzpunkte für das Handling der erzeugten Zellmasse und deren temperaturgeführte Zwischenlagerung und Weiterverarbeitung.

Für die fischverarbeitende Industrie liegt das Integrationspotenzial vor allem in der Umwandlung zellulärer Inputs in marktfähige Lebensmittel. Entsprechend sind jene Ressourcen und Kompetenzen übertragbar, die in den nachgelagerten Prozessstufen der zellulären Wertschöpfung ansetzen, also dort, wo Food-Processing, Qualitätssicherung, Lebensmittelsicherheit und Haltbarkeit von zentraler Bedeutung sind. Bestehende Anlagen und Verfahren zur Sortierung, Portionierung, Formung und Panierung von Fischprodukten können genutzt werden, um zelluläre Rohmassen in standardisierte (hybride) Produktformate zu überführen. Zudem können vorhandene Verpackungsinfrastrukturen in die

Haltbarmachung und Konfektionierung zellbasierter Produkte integriert werden, während bestehende temperaturgeführte Prozessketten für deren Lagerung und Distribution weiterhin eine Rolle spielen können.

Spezialisierte Akteur*innen der Kühl- und Fischlogistik können vor allem in nachgelagerten Wertschöpfungsschritten in temperaturgeführten Liefer- und Verarbeitungsketten integriert werden. In vielen Fischketten liegt der Wertschöpfungsbeitrag dieser Akteur*innen nicht nur im Transport, sondern auch in der schnellen Stabilisierung leicht verderblicher Produkte, der Einhaltung enger Temperatur- und Zeitfenster sowie der qualitätsgesicherten Handhabung und Bündelung uneinheitlicher Produktchargen entlang der Kette. Auch im zellulären Kontext bleiben Ressourcen wie Kühlhäuser und temperaturgeführte Lager- und Transportinfrastrukturen relevant, da zelluläre Inputs ebenfalls oft gekühlt, zeitkritisch und unter hygienisch kontrollierten Bedingungen verarbeitet und transportiert werden müssen. Ebenso bleiben vorhandene Kompetenzen und Infrastrukturen in den Bereichen Handling, Rückverfolgbarkeit und Qualitätsdokumentation integrationsfähig.

13.5 Fazit und Ausblick

Auch wenn sich heute nicht sagen lässt, wie schnell und in welchem Umfang sich kultivierte Produkte langfristig auf dem Markt durchsetzen werden, löst ihre Entwicklung bereits jetzt einen Anpassungsdruck bei etablierten Akteur*innen der Fleisch- und Fischindustrie aus. Dass dieser Anpassungsdruck Unsicherheiten, Ängste oder Widerstände auslösen kann, ist nachvollziehbar, da Sprunginnovationen bestehende Routinen, Investitionen und Kompetenzen infrage stellen. Gleichzeitig gilt: Die weltweite Nachfrage nach Fleisch und Fisch wächst weiterhin, und die zelluläre Produktion befindet sich noch in einer Entwicklungs- und frühen Skalierungsphase. Zwar nimmt der Anpassungsdruck zu, den etablierten Akteur*innen der Fleisch- und Fischindustrie bleibt jedoch ein ausreichendes Zeitfenster, um sich strategisch an Veränderungen anzupassen.

In einem Szenario, in dem sich die zelluläre Produktionslogik langfristig als dominanter Pfad durchsetzt, ergibt sich für etablierte Akteur*innen die Herausforderung, die damit verbundenen strukturellen Verschiebungen frühzeitig zu antizipieren und organisatorisch zu bearbeiten, um auch unter veränderten Bedingungen langfristig erfolgreich zu bleiben. Die Logik der organisationalen Ambidextrie bietet hierfür einen geeigneten strategischen Bezugsrahmen. Ambidextrie bezeichnet die Fähigkeit von Akteur*innen, bestehende Geschäftsmodelle fortzuführen und zugleich neue technologische Möglichkeiten auszuloten (O'Reilly & Tushman 2013). Auf die Fleisch- und Fischindustrie übertragen bedeutet dies, dass Akteur*innen ihre aktuellen Produktions- und Wertschöpfungsstrukturen aufrechterhalten, während sie gleichzeitig Kompetenzen, Partnerschaften oder Beteiligungen im Bereich kultivierter Produkte aufbauen. Ambidextrie ist somit ein zentraler Ansatz, um das bestehende Kerngeschäft zu betreiben und zugleich den

Einstieg in neue zelluläre Wertschöpfungslogiken systematisch vorzubereiten. Wie bei allen Sprunginnovationen gilt auch hier: Nur wenn etablierte Akteur*innen der Fleisch- und Fischindustrie Veränderungen ernst nehmen und sich aktiv damit auseinandersetzen, können sie den potenziell anstehenden Prozess der schöpferischen Zerstörung meistern und ein „Tesla-Szenario" vermeiden, in dem neue Marktteilnehmer*innen zunehmend den Takt vorgeben und etablierte Akteur*innen nach und nach an Wettbewerbsfähigkeit verlieren.

Literatur

Ansari SS, Krop P (2012) Incumbent performance in the face of a radical innovation: towards a framework for incumbent challenger dynamics. Res Policy 41(8):1357–1374. https://doi.org/10.1016/j.respol.2012.03.024

Barney J (1991) Firm resources and sustained competitive advantage. J Manag 17(1):99–120. https://doi.org/10.1177/014920639101700108

Cui R, Wang J (2022) Shaping sustainable development: external environmental pressure, exploratory green learning, and radical green innovation. Corp Soc Responsib Environ Manag 29(3):481–495. https://doi.org/10.1002/csr.2213

D'Silva J, Webster J (2017) The meat crisis. Developing more sustainable and ethical production and consumption. 2. Aufl. Routledge, London. https://doi.org/10.4324/9781315562032

Hansmeier H, Koschatzky K (2021) Gesellschaftliche Herausforderungen durch Sprunginnovationen bewältigen. Bertelsmann Stiftung, Innovation for Transformation – Wie die Verbindung von Innovationsförderung und gesellschaftlicher Problemlösung gelingen kann, Ergebnispapier 3. https://www.isi.fraunhofer.de/content/dam/isi/dokumente/ccp/2021/Studie_NW_Gesellschaftliche_Herausforderungen_durch_Sprunginnovationen_bewaeltigen_2021.pdf. Zugegriffen: 14. Jan. 2026

Leifer R, McDermott CM, O'Connor GC et al (2000) Radical innovation: how mature companies can outsmart upstarts. Harvard Business School Press, Boston, MA

O'Reilly CA, Tushman ML (2013) Organizational ambidexterity: past, present, and future. Acad Manag Perspect 27(4):324–338. https://doi.org/10.5465/amp.2013.0025

Rogers EM (2005) Diffusion of Innovations, 5. Aufl. Free Press, New York

Schumpeter, JA (1942) Capitalism, socialism, and democracy. Harper & Brothers, New York, NY

BY